温室草莓

高效优质生产技术

陈新平 吴长春 等 编著

WENSHI CAOMEI

GAOXIAO YOUZHI SHENGCHAN JISHU

中国农业出版社

北 京

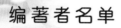

编著者名单

陈新平　吴长春　赵永志
曲明山　陈　娟　李　超
雷伟伟

前　言

　　草莓富含维生素及矿质营养，是一种经济价值、营养价值较高的浆果，在世界小浆果中产量居于首位，有"水果皇后"之美誉，深受消费者喜爱。草莓和其他浆果类水果是高抗氧化生物活性物质的主要来源，随着生活水平不断提高，人们追求健康生活方式的意识也不断提高，多食用富含对人体健康有益成分的浆果是改善人体健康的方式之一。当前，我国草莓市场主要以国内鲜食为主，出口量相对较少，草莓鲜食消费量占消费总量的95%左右，草莓产业逐渐从产量型转向风味品质型。优良品种的选育、栽培模式的改进、田间管理技术的提升对提高草莓的风味品质、满足不断发展的市场需求尤为重要。

　　草莓具有生长周期短、适应能力强、结果早、收益高等特点，在世界范围内广泛种植，2016年我国草莓播种面积为13.0万公顷，总产量达342万吨，播种面积和产量均居世界第一。我国的草莓种植南北差异较大，北方主要以日光温室促成栽培为主，南方以塑料大棚栽培为主，栽培模式主要有土壤栽培和无土栽培两种。近年来国家高度重视草莓产业，政府、科研院所投入更多的资金和发展更多项目以推动草莓产业的快速发展，新品种、新技术不断涌现，草莓产业不断向绿色、生态、优质、高效的方向发展。然而，草莓产业的发展尚存在一些问题：首先，我国草莓种植单产相对较低，田间管理水平差异较大，缺乏优质、规范的生产管理技术；其次，施肥不合理、肥料效率低对草莓品质也会造成不良影响；然后，已有品种退化，新品种更新速度慢，脱毒苗使用率较低，抗病性较差，缺乏绿色防控技术。这些问题都制约着草莓产业发展以及竞争力的提升。

2013年11月，由中国农业大学和北京市土肥工作站共同在北京市昌平区鑫城缘果品专业合作社建立了首都第一家都市农业科技小院。小院立足都市农业，进行草莓、蔬菜等特色经济作物高产、优质、安全、绿色的技术创新与示范推广，开展多渠道的技术服务，推动农业规模化经营"互联网＋"农业平台建设，探索都市农业可持续发展之路。五年来，北京都市农业科技小院揭示了草莓养分吸收规律，创建了控释肥基质育苗技术、根区养分调控技术、水肥一体化技术、高产优质基质栽培技术、叶面肥提质增效调控技术、基质灌排洗盐技术、套作高效生产技术以及设施温室环境调控技术等，筛选了适宜京郊推广种植的新品种，形成了草莓高产优质生产技术规程，解决了草莓育苗养分过量、生育期养分分配不合理、基质盐分积累、田间管理不规范、病虫害防治和品种退化等问题。在田间开展科学研究，通过试验探究将理论和实践结合起来，努力解决草莓生产各个环节遇到的问题，进行草莓的栽培技术创新，以入户指导、试验示范、网络学校、田间学校培训等方式，为农户提供"零距离、零时差、零门槛和零费用"的服务，真正做到研究的先进栽培技术和方法更符合生产实际，更有利于农户接受和应用，加快农业技术到生产实践的转化，提高农业生产力和经济效益。科技小院在提升草莓的产量和品质、推动京郊草莓产业的绿色发展等方面发挥了重要作用。

本书系统总结了草莓的生长特性、生长发育的过程以及全生育期的养分管理和设施环境调控技术。全书共分为六章，第一章、第二章主要介绍了草莓产业发展现状、存在问题以及草莓的生长特性；第三章主要对草莓优质栽培管理技术进行总结；第四章主要介绍了草莓高产高效水肥管理技术；第五章介绍了草莓绿色防控技术，对主要虫害、病害和畸形果的防控技术进行系统总结；第六章主要总结了草莓优质栽培设施调控技术；第七章主要归纳了温室地栽草莓高产高效生产技术规程和温室基质草莓优质安全生产技术规程。本书针对草莓新品种选育、水肥管理、栽培管理和病虫害症状及防治等问题提供彩图120余张，可供广大的草莓种植者和相关研究工作者清晰直观地参考、学习和使用。

　　本书的完成首先要感谢中国农业大学和北京市土肥工作站联合搭建的北京都市农业科技小院平台，特别感谢北京都市农业科技小院李超、雷伟伟、吴长春三位研究生在生产一线开展技术创新和推广应用，特别感谢校外指导老师北京市土肥工作站赵永志站长、曲明山科长和陈娟副科长对北京都市农业科技小院工作的指导和帮助，特别感谢中国农业大学资源环境与粮食安全研究中心张福锁院士和国内外有关专家对北京都市农业科技小院的发展给予的指导和建议，特别感谢鑫城缘果品专业合作社崔维国社长对北京都市农业科技小院发展提供的良好试验基地和工作平台，感谢"十三五"国家重点研发专项设施农业氮磷污染负荷削减技术与产品研发（项目号2017 FD 0800400）的资助。

陈新平　吴长春

2018年8月

目 录

第一章
我国草莓产业的发展现状与问题

第一节　草莓的起源和营养价值

　　草莓（*Fragaria × ananassa* Duch.）属蔷薇科宿根性草本植物，别名有洋莓、地莓、红莓、鸡冠果等，在世界小浆果生产中产量居首位，是世界范围内最重要的浆果类水果。全球草莓属植物约50个种，主要分布在亚洲、美洲和欧洲，亚洲地区主要分布在中国、印度和巴基斯坦等地，美洲地区主要分布在美国和智利等地，欧洲地区主要分布在俄罗斯、法国和德国等地（侯丽媛等，2018）。当今世界大面积栽培的凤梨草莓主要由弗吉尼亚草莓和智利草莓两个品种杂交而来。弗吉尼亚草莓主要分布在美国的中东部和加拿大东南部，后引到英国种植，因其果实深受消费者喜欢而传遍欧洲大陆；智利草莓原产于南美洲的智利中南部，首先引种到秘鲁和厄瓜多尔，后传播到法国、荷兰和英国（李好琢，2005）。在19世纪中期，欧洲人将凤梨草莓引种到东南亚，1915年我国开始栽培凤梨草莓，至今有100多年的历史，我国栽培的草莓品种主要来源是日本、美国和欧洲等地区。

　　中国是世界上野生草莓种质资源最丰富的国家，有很多珍贵的良种资源，但草莓对中国来说是舶来品，凤梨草莓在20世纪初传入中国时发展较慢，1960年我国草莓的生产初具规模，直到20

世纪80年代，随着我国科研实力增强和人民生活水平提高，政府和科研机构开始重视草莓产业的发展，草莓产业进入快速发展阶段，从欧洲和日本筛选引进了全明星、戈雷拉、宝交早生等优良品种，栽培面积不断增加，经济收益可观，成为我国农村致富的重要产业。1985年我国草莓种植面积约3 300公顷，1995年我国草莓种植面积约为36 700公顷，2003年我国草莓的种植面积和总产量均超过美国，我国成为世界第一草莓生产大国，截止到2016年我国草莓播种面积已达13.0万公顷，产量达到342万吨，除了国内消费外，草莓主要出口荷兰、德国和日本等地（王雯慧，2016）。

在2000年种植面积以河北省和辽宁省居多，我国草莓种植区域分布比较广泛，东起山东、西至四川、北至黑龙江、南到广州都有草莓栽培。目前我国可划分为三大草莓产区，秦岭淮河以北的北方产区（河南省、河北省、辽宁省、吉林省等）、长江流域产区（浙江省、安徽省、上海市等）和南方地区（四川省、广西壮族自治区、重庆市等）。20世纪80年代，随着草莓产业的不断发展，露地栽培草莓已经不能满足市场的需求，我国草莓生产逐渐由露地栽培转为设施大棚栽培，果实采收期大大提前，早熟的果实在冬季11月下旬就能采收，能够满足冬季市场的需求。随着人民生活质量的提高，对市场需求也逐渐改变，草莓种植从开始的追求产量型向追求品质型转变，草莓产业逐渐步入高产优质的生产阶段。

草莓果实（图1-1、图1-2）富含的营养和其对人体健康的功效受到广泛关注。草莓富含人体必需的纤维素、铁、钾、维生素C和黄酮类物质（朱翠英等，2015）（表1-1）。研究表明，食用鲜草莓可以显著提高血浆总抗氧化能力，延缓衰老；草莓富含花色苷，可以显著减少胆固醇、甘油三酯等心血管病重要标记物的含量。草莓果浆的营养物质和矿物质极易被人体吸收，是一种老少皆宜的滋补果品。

图1-1 草莓果实

图1-2 草莓果实切开

表1-1 每100克草莓果浆中营养含量
(罗学兵,中国食物与营养)

营养元素	含量(毫克)	矿质元素	含量(毫克)
蛋白质	1 000	钙	15.9
脂肪	200	钾	131
碳水化合物	7 100	镁	12.0
纤维素	1 000	钠	4.20
胡萝卜素	0.03	锰	0.49
B族维生素	0.05	铁	0.29
维生素C	68.0	锌	0.13
维生素E	0.71	硒	0.70

草莓果浆中不仅含有丰富的果糖、蔗糖和葡萄糖,还有多种有机酸,例如苹果酸、水杨酸、柠檬酸等。此外,草莓果实含有的类黄酮和酚酸类等生物活性物质对人体健康也十分有益。

草莓的健康功效:①草莓果浆中维生素C含量比苹果高11倍,是柑橘的2～3倍,维生素C对保持血管弹性起着重要作用,并且维生素C与维生素A和维生素E协同下，可延缓不饱和脂肪酸氧化，能够预防动脉硬化和脑出血等心脑血管疾病的发生。因此，草莓对心脑血管疾病具有一定的预防作用（马娟，2017）。②草莓中的维生素C能促进肠道中铁的吸收和储存，对贫血症有良好的预防效果。国外研究表明，草莓中含有一种胺类物质，对治疗再生障碍性贫血有一定的功效（罗学兵等，2011）。③草莓中的维生素和果胶能够促进肠胃消化。④草莓的根、叶和果实含有鞣花酸，能够阻止致癌物质发挥作用，有一定抗癌效果。⑤维生素C能够促进胶原合成，滋养皮肤，延缓皮肤衰老。

第二节　我国草莓栽培的发展现状和特点

一、栽培面积不断扩大

20世纪80年代以来，随着我国经济的快速发展和人们对草莓认识的提高，我国的草莓产业发展迅速。2007年我国草莓播种面积为7.94万公顷，总产量187万吨，近十年草莓播种面积逐渐增加，截止到2016年我国草莓的播种面积达到13.0万公顷，草莓总产量达到342万吨，播种面积和总产量远超美国，稳居世界草莓生产第一大国的地位。目前我国的草莓发展过程中，南北方均形成了一些特色鲜明的主产区，如北京的昌平、辽宁的丹东、河北的满城、山东的烟台、四川的双流、江苏的句容、安徽的长丰等，它们已成为北京、上海、南京、天津、成都和合肥等大都市的草莓鲜果供应主要来源。在大城市的郊区也形成了很多观光采摘园区，如北京的昌平草莓产区、上海的青浦和奉贤等地。

二、栽培品种更新加快

我国草莓栽培品种以先引进后培育改良为主，先后从国外引进了数百个品种。在20世纪80年代，宝交早生、全明星、戈雷拉成为主栽品种，北方地区主要栽培全明星和戈雷拉，中部地区主要栽培宝交早生和丰香，华南地区以鬼怒甘、春香和静香为主栽品种（王忠和，2008）。20世纪90年代后，设施草莓逐渐发展起来，设施栽培以章姬、红颜和甜查理为主，近些年来南北方地区设施栽培草莓主要以红颜、章姬、圣诞红等为主（王桂霞等，2008）。以北京地区为例，2001年昌平草莓主栽品种有童子1号、甜查理、枥乙女3个品种，到2009年昌平草莓栽培品种达到24个，引进的新品种数量明显增加，2012年世界草莓大会在昌平举办，主栽和展示品种达到135个，草莓品种进入空前繁荣时期，2015年昌平主栽品种趋于稳定，维持在约20个品种。近20年来我国不少科研院所也开展了大量草莓育种工作，北京市农林科学院、浙江省农业科学院、江苏省农业科学院园艺研究所、沈阳农业大学、河北省农林科学院石家庄果树研究所和山西农业科学院果树研究所等开发出了不少有特色的品种，例如京藏香、京桃香、硕丰、越心、越珠、石莓9号、明晶、香玉等，一些品种已在国内推广种植。

三、栽培方式不断调整

我国大果草莓从1915年开始种植，主要是以露地栽培为主，到20世纪80年代中后期开始发展设施栽培。由于我国气候条件差异较大，管理水平参差不齐，不同区域草莓栽培形式多样，从地膜覆盖、小拱棚、大拱棚到如今的钢架日光温室。南方逐渐形成了塑料大棚和中小拱棚的栽培方式，北方以日光温室、大中拱棚和玻璃温室等设施栽培为主，日光温室有草帘或者棉被予以保温，能够保证草莓的正常生长，日光温室栽培在北京、山东、辽宁等地发展迅速。目前，北京、上海等地现代都市农业大发展，草莓无土栽培技术得到广泛应用，无土栽培主要包含水培、雾培和基质栽培等。由于水培、雾培管理难度较大，应用较少；高架基质栽培易控制好管理，且大棚干净整齐，在京郊地区草莓栽培以高架基质栽培为主。京郊地区设施栽培模式下草莓鲜果外观和口感很好，冬季草莓鲜果供应期延长，可从当年11月至翌年6月，鲜果上市更受消费者的喜爱。果实采摘期较长，跨越元旦、新年、元宵、五一等多个节日，而且果品优良、新鲜、营养价值高，冬季草莓主要以礼品形式销售，农户获得的经济效益大大提高（宗静，2012）。研究表明，除促成栽培外，设施抑制栽培是近年来出现的一种新型栽培技术，其生产原理是通过延长草莓休眠期，推后草莓上市时间，抑制栽培模式下，草莓鲜果可以推后至9～10月上市，填补目前夏秋季草莓鲜果上市的空白期，为未来草莓产业提供更大的发展空间和发展潜力。

第三节　我国草莓产业发展存在的问题

一、自主创新品种少，主栽品种以国外引进为主

目前我国设施栽培的主要品种有红颜、章姬、京郊小白、甜查理、圣诞红等，以国外引进的改良品种为主，自主创新品种相对较少，主栽品种更新速度慢，已有品种退化，种苗质量差，由于长期的连茬栽培，果实畸形率高、抗逆性衰退、品质口感下降，严重地限制了草莓产业的发展。草莓品种退化快，一般3～5年就要更新换代一次。当前，我国所选育的新品种的实际推广面积并不大，生产者还是习惯使用老品种或国外品种（万春雁等，2010）。因此，在草莓品种培育过程中，应多采取常规杂交育种、远缘杂交育种和种间杂交育种等手段，培育适合不同地点、不同气候区的优质、高产、抗病性强的草莓设施栽培新品种，逐步走向自育为主、引种为辅的道路，提高草莓设施栽培的水平，推进草莓产业的快速发展。

二、种苗品质较差，脱毒种苗使用率低

育苗技术水平不高，种苗素质与高产标准尚有一定差距。国内草莓栽培仍以传统自繁自育模式为主，种苗连栽而未经脱毒处理，导致种苗质量差，抗病性弱，果实易畸形。以北京昌平为例，自2006年开始推广种植红颜品种，2009年种植面积增加到42％，迄今已连续栽培12年，草莓幼苗自繁自育、生长势减弱、抗病性降低、畸形果增加、连作栽培导致单产水平逐年降低。尽管政府大力推广使用具有良好适应性、抗病性及抗逆性较强的脱毒种苗，但由于生产成本和购买成本较高、农民繁育风险较大以及多数农户使用意识不强等因素影响，脱毒种苗整体应用率仍较低。

三、土壤-养分-作物综合管理技术相对粗放

为获得更高的经济效益，在草莓生产中采取了一些优质增产技术，如在日光大棚和塑料大棚中采用熊蜂授粉、假植育苗、安装补光灯、水肥一体化和疏花疏果等措施，但是栽培过程中重茬现象突出，缺乏土壤消毒。河北、辽宁和安徽等地农户大多数连种3～5年，土壤不消毒，导致定植后病菌感染严重，产量下降，造成较大经济损失。一些区域定植密度普遍较大，草莓种苗定植株数大多在14万～16万株/公顷，一般而言，较为合理的种植密度应为10万～11万株/公顷。定植过密导致植株易受病虫害影响，同时透光性不好，影响果实成熟，且果实腐烂率较高，影响商品果产量和品质。北方温室草莓种植过程中，空间资源利用不够充分，套作模式应用较少，没有充分发挥设施生产的经济效益。因此，应该积极推广草莓栽培新模式，土壤、基质消毒，发展套作栽培，优化种植密度，使用多种架式基质栽培模式。

四、绿色防控技术应用较少

在草莓种植管理过程中，对于病虫害治理过于重视，而忽视了预防的重要作用；在药剂防治时药剂选择存在不合理之处，没有把握好重点预防时期，防治不到位，导致用药增加。当前物理防治（防虫网、粘虫黄板等）、生物防治技术（捕食螨、苦参碱等）在一些地区有推广应用，主要是政府补贴后农户选择使用的积极性较高，但如果不补贴，生物药剂价格较高，农户一般不选择使用。绿色防控能够有效防治虫害，但对于草莓常见病害仍然需要通过药物防治，故需要加快对草莓病害绿色防控技术的研究和推广。

五、生产水平参差不齐，技术推广亟待加强

设施草莓种植规模逐渐扩大，技术相对成熟，但在一些地区仍存在技术普及不到位或科技支撑力度不足及盲目管理的现象。我国草莓种植仍然以相对较为分散的小农户为主，田间管理技术主要依靠传统种植经验，专业的技术服务较少，缺少草莓生产技术指标体系，因此很难进行标准化生产管理。农户管理水平参差不齐，生产的随意性较强，优质安全无公害栽培理念尚未引起足够重视，对新技术新方法接受慢，导致产量和质量都不稳定，不能达到优质果品的要求，限制了草莓产业的发展和经济效益的提升。在实际生产中，应着力推广栽培技术，普及科技管理知识，组建技术服务团队或聘请专业技术人员进行田间生产技术指导，逐步提升农户的生产管理技术，改善草莓品质。

第四节　我国草莓产业未来的发展趋势

我国草莓产业经过了快速发展期，当前生产的面积和规模都

趋于稳定，虽然我国草莓的种植面积和总产量均居世界第一，但相对于欧洲和美国仍然存在一些差距，主要存在以下几个问题：缺乏安全规范的生产管理技术，长期栽培后土壤质量退化，长期栽培单一（主栽）品种退化，绿色防控技术欠缺，新技术新方法的推广应用不够等。针对当前存在的问题，需要加快草莓绿色生产技术创新和应用，推动草莓产业的绿色健康发展。

一、绿色安全生产至关重要

随着生活水平的提高，人们对绿色优质农产品的要求越来越高，当前我国草莓生产最迫切的问题就是果品安全性参差不齐。食品安全是重中之重，需要在源头上确保安全，提升农业种植者的安全种植意识，加强草莓质量监管力度，大力推广规范优质的生产技术，真正做到按照标准技术生产，以达到优质果品的标准获得较高的经济收益。实行绿色安全生产主要从这几个方面入手：一是规范的田间管理技术；二是选购真正无毒的健壮苗；三是进行彻底消毒；四是病虫害绿色防控，少用或者不用化学合成药品。

二、科学的水肥管理技术体系是果品优质的保障

基于草莓养分吸收规律的水肥调控技术是草莓品质的重要保障。科学的水肥管理技术体系包括：采用前期控释肥基质育苗，中后期优化氮磷钾的比例、用量和施用时期，采用少量多次的施肥方式，满足草莓的生长需求。科学的水肥管理技术能够最大化地发挥肥料的生产潜力，提高草莓的产量、改善草莓的品质。

三、提高果实品质，增强区域品牌效应

随着草莓主产区种植规划更加合理以及资源的进一步整合，生产效益将进一步提高。目前我国草莓生产规模已稳居世界第一，国内市场也趋于饱和，单纯地依靠产量难以占领市场，因此，提

高品质才能被消费者所接受。生产优质果品的基本要求，主要是使用科学合理的施肥、土壤改良、增施有机肥以及喷施叶面活性剂等措施，外观鲜艳精美能够提升草莓品牌形象，扩大品牌影响力，提高经济效益，如昌平草莓、长丰草莓、双流草莓等。

四、转变栽培管理模式，提高生产效率

草莓植株矮小，一般地面种植，再加上生长量大、管理技术要求高、生产的劳动强度很大；同时，草莓的生产投入中人工成本占比较大。因此，转变栽培模式、提高生产效率是增加效益的保障。常见的方法有起高垄栽培、单层立体架式栽培、双层立体架式栽培、基质栽培、阳台架式栽培等模式。根据温室生产实际，探索合理的栽培生产方式，不断降低人工成本，提高大棚智能化程度，是实现草莓省力高效栽培的关键。

五、新品种助力草莓产业新发展

我国生产中应用的草莓品种很多，但是集中在几个主栽品种上，导致生产中品种过于单一，而且主栽品种基本上都是国外培育的品种，虽然国内自育品种较多，但推广面积较小。目前，北方主要缺乏适合日光大棚设施栽培的品质优、抗病性强的品种，南方缺乏适合地栽的产量高、耐冷凉的优良品种。我国野生草莓资源十分丰富，利用野生草莓资源选育风味优、抗病性强的品种尤为重要。同时，国内科研单位要加强国际、国内交流合作，充分发挥生物技术在育种中的优势，将传统育种和现代育种有机结合起来，加速草莓新品种的选育，为草莓产业发展提供更大空间。

草莓的生长特性

第一节　草莓的生物学特征

一、草莓的根

草莓属于须根系作物，由初生根、侧根和毛细根组成。初生根上产生侧根，侧根上密生根毛。一般每株草莓具20～50条初生根，多者可达100条以上。草莓根系在土壤中分布较浅，60%～70%分布在20厘米以内的土层或基质中，仅少数分布在20厘米以下的土层中，如果栽培土壤偏沙性或质地较为疏松，根系下扎较深，最深达40厘米左右（杨莉等，2015）。不同品种、土壤质地、种植密度、耕作深浅、栽培介质肥力状况和湿度等因素影响草莓根系深度（图2-1）。草莓植株矮小，叶面积大且叶片更新较快，浆果中含水量高，营养生长快，需水量较大，因此，种植过程中对土壤或基质表层水分要求较高。

草莓根系生长最适宜的温度是15～20℃，10月温度下降后生长减弱，根系生长的最低温度为2℃左右，最高承受温度为36℃，温度较低时，影响根系活性不利于养分吸收。冬季温度降到-8℃左右时草莓根系会受冻害，当温度低于-12℃时，植株会被冻死。因此，冬季需要采取保温措施，保证其安全越冬。

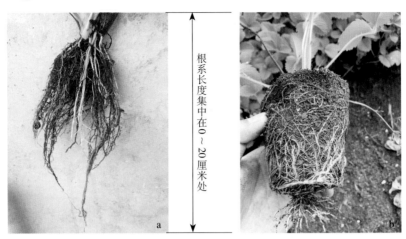

根系长度集中在0～20厘米处

图2-1　草莓的根系深度和基质育苗草莓根系

a.草莓的根系深度　b.基质育苗草莓根系

注：一般土壤疏松、肥力充足时，须根多，8～9月初草莓种苗开始收获时正是草莓根系生长旺盛的时期，其中主要是白色根系多，取苗时应该最大限度地保护草莓根系。

二、草莓的茎

草莓的茎分3类，即新茎、根状茎和匍匐茎（图2-2）。

1. 新茎

当年萌发的短缩茎称为新茎，一般长度为0.5～2.0厘米，新茎上轮生着具有长叶柄的叶片，叶片的叶腋可萌发抽生新茎分枝或匍匐茎，还可分化成花芽，新茎分枝数目因品种而异，少的有3～8条，多的可达20～30条。

图2-2　草莓的茎

2. 根状茎

草莓多年生的木质化缩短茎称为根状茎。新茎在第二年，其上的叶逐渐枯死脱落，并逐渐木质化，形成外形似根的茎，因此称为根状茎。随植株生长根状茎逐年衰老变褐，草莓新茎上未萌发的腋芽便成为根状茎上的隐芽，当地上部受损时可萌发长出新茎，新茎基部长出新的根系。

3. 匍匐茎

由新茎叶腋处的芽萌发出来的沿地面匍匐生长的茎称为匍匐茎，又称走茎，是草莓主要的繁殖器官，繁育出的苗称为匍匐茎苗（图2-3）。一般在坐果期开始抽生匍匐茎，在结果后期大量发生。匍匐茎第三片叶显露前开始发生不定根，扎入土中或基质中，形成第

图2-3 草莓的匍匐茎

一代子株。第一代子株又可抽生第二代匍匐茎，产生第二代子株，第二代子株又可抽生第三代匍匐茎，产生第三代子株。一株母株一年可产生总子株数为30～80株甚至更多。匍匐茎的多少与品种、温度、低温时数及肥水条件等有关（王忠和，2013）。

三、草莓的叶

草莓的叶是由短茎上发出的3片小叶组成的复叶，中间小叶形状规则，小叶一般呈圆形、椭圆形、菱形、卵圆形等，小叶边缘呈不规则锯齿状，两边小叶对称生长，叶色浓绿，叶片厚，有光泽，叶柄长度一般为10～30厘米，叶柄上有很多茸毛（图2-4）。一般认为，叶柄粗则是植株健壮的表现，温度升高时则易造成叶柄细长、叶色淡、叶片薄等徒长现象。叶片除具光合作用外，还

具有蒸腾作用和呼吸作用，叶边缘的锯齿能把水聚成水滴排出去，这就是吐水现象（又称溢泌现象），吐水现象只在早晨才能看到，是夜间大量吸水的结果（图2-5）。

图2-4　叶片外形　　　　　　　　图2-5　吐水现象

四、草莓的花及花序

草莓的花（图2-6）是虫媒花，既进行自花授粉，又进行异花授粉。开花期温度低于0℃或高于40℃，会严重影响受精过程，产生畸形果。开花期和结果期最低承受温度为5℃，若花期遇低温或霜害，可导致柱头变黑，丧失受精能力，因此，开花期要控制好大棚温度。一级花序的花瓣数一般为5～8片，一般花瓣数多，花

花萼
花瓣

雌花蕊
雄花蕊

图2-6　草莓花的结构

朵大则果也较大。草莓花序为聚伞花序，一般每株可抽生 1 ～ 4 个花序，1 个花序上常着生 8 ～ 15 朵花，最后开的花不结果或结果小，会成为无效花，对无效花要及时疏花，可以节省养分损失，促进商品果实的生长，提高商品价值（图2-7、图2-8）。

图2-7　花　序　　　　　　图2-8　花　蕾

花粉受精以25 ～ 27℃为宜，一般温度较高，空气较干燥，易传粉受精，所以开花期大棚内温度应控制在25 ～ 27℃，湿度50% ～ 60%为宜。草莓一般能自花结实，但异花授粉能提高坐果率，授粉受精可使子房内形成植物激素，使种子周围的花托膨大，促进果实生长。授粉受精完全，则花托发育成正常果实；授粉受精不完全，则发育成畸形果；没有授粉受精，则花托不膨大而形成褐毛果，影响产量。大多数品种能自花授粉，不同品种物候期不同，在同一大棚不利于生产管理，所以一个大棚一般只栽一个品种，通过温室内放蜜蜂的措施解决授粉与坐果问题。

五、草莓的果实

草莓柔软多汁的浆果是由花托膨大形成的，其真正的果实是受精后子房膨大形成的瘦果，附着于浆果的表面，一般称之为"种子"。果实形状、颜色、色泽度、口感、果实大小等受品种、气候、栽培条件和管理措施等因素的影响。不同草莓品种果形差异较大，有扁圆形、圆球形、椭球形、短圆锥形、长圆锥形、长楔形、短楔形、扇形等；果实颜色有白色、淡红色、粉红色、橙红色、红色、深红色和暗红色等；果肉的颜色比果面的颜色浅，品种不同果肉颜色差异较大，一般有白色、米黄色、淡红色、橙红色、红色、深红色等；果实口感风味也各不相同，有甜、甜酸、酸甜、酸等；不同品种果实散发的气味也各不相同，有芳香、奶香、玫瑰香、槐花香、桃香等。果实硬度和果实大小也差异较大，果实大小一般 10 ～ 100 克不等，从第一级花序到第五级花序的果实逐渐减小。一般第四级花序以上的果为无效果，疏花疏果时去掉。浆果上分布有种子，不同品种果实种子分布的位置也不相同，种子中含有吲哚乙酸等，对浆果的膨大发育起重要作用，因此，同一品种，花托上的种子（瘦果）数越多，其果实越大。应加强花芽分化和花前管理，保证花芽分化良好和授粉受精充分是获得优质、高产的基础（图2-9）。

图2-9　果实成熟过程

第二节 草莓的"一生"

草莓是比较耐寒的常绿植物，由于各地气候条件的差异和品种不同，物候期也不同。设施栽培条件下，草莓在一年中的生长发育过程可以分为以下几个时期。

一、萌芽和开始生长期

春季温度升高根系解冻后，在10厘米深的土层温度稳定在1～2℃时，根系开始活动，地上部活动比根系活动晚10天左右，此时的根系生长主要是前一年秋季长出的根继续延伸，随着地温升高，逐渐发出新根，草莓早春生长主要依靠根状茎及根中储存的营养物质。根系生长7天左右茎顶端开始萌芽，先抽出新茎，随后陆续出现新叶，越冬叶片逐渐枯死。

二、花芽分化期

草莓经过旺盛生长期后，在外界低温（日平均10～17℃）和短日照（日照时数8～12小时）的条件下，植株矮化，停止生长，新茎顶芽开始分化花芽。花芽分化的开始，标志着植株从营养生长转向生殖生长。一般草莓品种多在9月或更晚开始花芽分化。不同成熟期品种花芽分化早晚不同，同一品种自身由于氮肥过多，营养生长过盛，都会使花芽分化延迟（宗大辉等，2007）。

三、现蕾期

地上部生长约30天后出现花蕾，当新茎长出第3片叶，第4片叶未完全长出时，花序就在第4片叶的长叶鞘内伸出，之后花序梗伸长，露出整个花序。此时随着气温升高和新叶相继发生，叶片光合作用加强，地上部生长加快，根系生长也达到高峰。

四、开花和结果期

10月中下旬进入初花期，花期一般持续10 ～ 20 天，果实成熟在11月下旬到12月初。草莓从开花至成熟需25 ～ 35天，随大棚内光照、温度情况而异。光照好、温度高则时间短，反之则时间长。

植株体内的氮素水平显著影响花芽分化。一般来说，生长前期植株氮素含量较高其花芽分化相对较晚，而长势一般氮素含量较低的植株其花芽分化相对较早，花芽分化的早晚直接决定温室草莓结果的早晚，如果要提早草莓的开花期，应适当抑制花芽分化前期的氮素吸收。草莓植株叶片数量的多少对植株花芽分化时期和花芽质量有重要影响。目前，假植（幼苗在有遮阳网的大棚中覆盖2 ～ 3周）、断根（切断草莓部分根系，控制根系对氮素的吸收）、摘除老叶、短日照处理、冷凉处理以及控释肥基质育苗等措施能够控制幼苗前期氮素吸收，加快缓苗，促进其花芽分化，提早开花结果又能增加产量。低温、光照不足、病虫害、植株过密和植株叶片过少都会影响花芽分化。以提早上市为目的的栽培中，可人为打破草莓休眠，促使草莓提早开花结果。

第三节　草莓生长发育对环境的要求

一、温度管理

草莓根系活动最适温度为15 ～ 20℃。在冬季，土温在低于15℃时草莓根系生长缓慢，在10℃以下时根系几乎停止生长。春季温度到达5℃时，植株开始萌芽生长，此时草莓抗寒能力下降，若遭遇持续低温则易受冻害。

草莓地上部分最适温度为 20 ～ 26℃，夜间 12 ～ 14℃；进入现蕾期，白天气温可在 25 ～ 28℃，夜间 10 ～ 12℃，增加昼夜温差有利于草莓果实的膨大和甜度提高。若白天温度高于35℃时，会影响花芽形成，易抽生匍匐茎，造成产量降低；若夜间温度过高，则会使腋花芽退化，雄蕊、雌蕊受到不良影响。开花期温度为 22 ～ 28℃，夜间 8 ～ 10℃，低于 5℃或高于35℃会影响授粉受精，导致畸形果。花芽分化在低温条件下进行，以10 ～ 17℃为宜，低于5℃则花芽分化停止。

二、光照管理

草莓是喜光草本植物，也比较耐阴凉。光照强，则生长健壮，叶色深绿，花芽发育良好，产量高；光照弱，则植株长势细弱，叶柄细，花小，品质差，产量低。花芽分化需在低温（10 ～ 17℃）、短日照（8 ～ 12小时）条件下才能进行，而匍匐茎则需要在较高温度、长日照（>12 小时）条件下才能发生。

三、湿度管理

草莓既不抗旱也不耐涝，根系多分布在20厘米左右深的土层或基质中。所以草莓栽培要选择地势平坦不易积水且灌溉便利的地块才能获得高产。秋季定植时，要充分供给水分；花芽分化期，土壤含水量应保持为土壤最大持水量的60%～ 65% ；现蕾至开花期，土壤含水量不应低于最大持水量的70% ；果实膨大期，土壤含水量应保持为土壤最大持水量的80%左右；果实成熟期，适当控制水分，增加果实甜度。对于基质栽培的大棚，保持基质湿度50%为宜，过高或者过低都会影响草莓根系对养分的吸收，不利于地上部果实的形成。

草莓对空气湿度要求相对较高，一般棚室空气湿度控制在40%左右，开花期要求 40%～ 60%的相对湿度，花期湿度过高或过低影响花蕊的开裂和花粉管的萌发，造成授粉受精不良、畸形果增多，影响种植者的经济效益。同时生长期间大棚内湿度过高，植株极易感染灰霉病和白粉病，影响商品果率。

第三章
草莓优质栽培管理技术

第一节　温室草莓品种选择

随着草莓产业的不断发展，其品质营养越来越受到关注，草莓作为冬春季特色水果，品质风味越来越受重视，不同品种之间的生长周期和果实品质差异显著。

一、常规种植的品种选择

目前草莓产业从产量型逐渐转向风味品质型，对优质品种的要求也越来越高，优良的品种是温室草莓达到优质高产的前提。因此，在选择品种时应该考虑多方面因素。一要丰产性好，连续结果能力强，经济效益高；二要品质优，不仅果实外观性状好，而且内在口感好，营养丰富，达到鲜食或加工的需求；三要果形美观，硬度适中，耐储运；四要抗虫抗病性强。当前全国栽培面积较大的品种有红颜、章姬、丰香、甜查理、全明星、达赛莱克特等。草莓栽培品种地区差异性显著，南方地区主要栽培品种为丰香、全明星、硕丰，中部地区主要栽培红颜、章姬和甜查理，北方地区主要栽培红颜、幸香、甜查理、章姬、全明星、达赛莱克特、玛丽亚等。京郊地区主栽品种中，红颜所占面积最大（约占62%），其次是章姬、圣诞红、京郊小白等。目前京郊地区小范围试种了一些新品种，如黔莓2号、桃熏、越心、隋珠、京藏香等综合品质比较突出，有待于进一步推广。

二、根据销售特点进行草莓品种选择

以生产目的作为种植品种选择的依据，不同栽培规模的农户可依据自身的种植条件和销售渠道考虑。若以鲜果销售为主，在品种上应选择果形美观、口感好、芳香味浓、畸形果少、果色鲜红的品种。若以观光采摘为主，如城市近郊区日光温室草莓种植，选择成熟时期早、果形美观、口感好、营养丰富的品种更好。对于市场上众多的品种，如何筛选十分重要，不同品种之间的性状差异较大，在相同定植时间下，隋珠、圣诞红、章姬属于相对早熟型品种，8月底定植后，始熟期一般在11月中旬，成熟期较早，能满足市民鲜食、采摘的需求，也填补了冬季鲜果市场的空缺，市场价格较高，能够获得更高的效益，早熟型品种适宜大小农户和生态观光园种植。红颜和越心草莓一般在12月初成熟，能在元旦前上市，此时草莓价格仍处于上升期，鲜食采摘和短途加工运输均可，能获得较高的收益，两个品种果形美观，品质好，适宜观光园区种植，可满足市民的采摘需求。如果用于深加工，则应选择加工性状优良的品种，如哈尼、森加森加拉、圣安德瑞斯等。如果对蛋糕店、高端水果店供应，对果形大小和外观有严格要求，隋珠、越心和红颜等这一类果形稳定外观鲜艳的品种是理想的选择。

三、根据不同栽培形式进行草莓品种选择

根据栽培形式选择品种。日光温室栽培的品种应是休眠期短的中早熟品种，品种本身应具备丰产性好、连续结果能力强、果实品质优良、植株抗逆性强等特点，如红颜、章姬、京郊小白、隋珠等；早春大中拱棚栽培原则上选择休眠期稍长的中晚熟品种，要求品种的丰产性好、品质优良、外观鲜艳，主要有红颜、甜查

理、圣诞红等。如果鲜果需要长距离运输，应选果实硬度高的品种，如圣安德瑞斯、京桃香、燕香等品种。不同品种优势各异，因此，种植者需根据不同的产品定位选择适宜的品种。

第二节　主栽品种介绍

当前的草莓品种可以分为早熟、中早熟和中熟三类。其中，早熟品种主要有隋珠、圣诞红、章姬、百丽、甜查理、京郊小白等，中早熟品种主要有红颜、黛颜、越心、枥乙女、京藏香、桃熏等，中熟品种有森加森加拉、硕丰、圣安德瑞斯等。

一、主栽品种

红颜

由日本静冈县久枥木草莓繁育场以幸香为父本、章姬为母本杂交选育而成的大果型草莓新品种，在国内不同地域又被称为99

草莓、红颊等。生长势强，植株较高（25厘米），叶片大而厚，叶柄浅绿色。该品种连续结果性强，平均单株产量在300克以上，果个较大，最大可达100多克，一般20～60克。果实圆锥形，种子黄而微绿，凹陷在果面上，果肉橙红色，紧实多汁，香味浓，糖度高，风味极佳，果皮红色，富有光泽，韧性强，果实硬度大，耐贮运，亩[*]产量1 800～2 000千克，鲜食加工兼用，适宜大棚设施栽培。

＊　亩为非法定计量单位，1亩≈667米^2。——编者注

章姬

由日本静冈县农民培育，用久能早生与女峰杂交育成，植株长势强，繁殖能力中等，中抗炭疽病和白粉病，丰产性好。果实长圆锥形、鲜红色，果个大畸形少，可溶性固形物含量10%～15%，糖度高，酸度低，味浓甜、口感好，果色艳丽，柔软多汁，一级序果平均单果重40克，最大单果重130克左右。休眠期短，适宜礼品草莓和近距离运输的温室栽培，亩产2 000千克以上。章姬草莓的缺点是果实较软，不耐运输，适合在都市郊区鲜食采摘种植。

京郊小白

北京市密云区农民发现的变异苗，2014年通过北京市种子管理站鉴定，是由红颜草莓变异而来，植株极高大，生长旺期株高30厘米，开展度27厘米左右。果实圆锥形，一级序果果实较大，最大单果重达150克以上，果实前期当年12月至翌年3月为白色或淡粉色，4月以后随着温度升高和光照增强会转为粉色，果肉为纯白色或淡黄色，口感香甜，充分成熟后果肉为淡黄色，口感有黄桃的味道，可溶性固形物14%以上。该品种表现为生长旺盛，果大品质优，丰产性好，抗白粉病能力较强，是一个理想的鲜食型优良品种，植株分茎数较少，单株花序3～5个，花茎粗壮坚硬，花量较少，花

朵发育健全，授粉和结果性好，冬季连续结果性好。

隋珠

日本品种，植株生长势较强，果实圆锥形，果实饱满，有香味，果肉米白色，肉嫩汁多，口感酸甜，维生素C含量较低，可

溶性固形物含量高，果浆中镁含量高，钙、铁、锌营养元素含量适中。植株抗病性较好，但产量一般，隋珠草莓的优势在于成熟早，可比普通草莓早上市20～30天，更早上市可以弥补春节前鲜果市场的空缺，获得较高的经济效益。

京藏香

由北京市农林科学院林业果树研究所以早明亮为母本，红颜

为父本杂交选育的新品种，植株生长势强，果形美观鲜艳，果个大，果形短圆锥形或楔形，果面红色，有光泽，果肉橙红色，有香味，硬度大，耐储运，连续结果能力较强，丰产性好，果浆中维生素C和锌含量高，但固酸比相对较低，

口感酸甜，抗灰霉病，中抗白粉病。

桃熏

属于日系杂交白草莓品种，果实清香型，果面粉红色，有桃

子的清香，果肉雪白，柔软多汁，维生素C和铁含量较高，营养丰富，由于果实硬度小，不耐储运，果形心脏形，果实味甜，维生素C和可溶性固形物含量较高。适宜在京郊观光采摘园区种植，做鲜食草莓深受消费者喜爱。

圣安德瑞斯

美国草莓品种，在2001年以阿尔宾和Cal 97.86-1杂交育成。

植株矮小紧凑，生长势很旺，适合早冬种植。其果形圆锥形，果面颜色鲜红有光泽，果实硬度较大，耐储运，果浆中维生素C含量较高，可溶性固形物含量较低，固酸比较低，口感偏酸。果浆中富含钙、铁、锌等矿质营养，植株生长势强，抗病性好，但是生育期较长，果实上市较晚。

越心

由浙江省农业科学院选育的新品种，以大果、丰产、抗病的优系03-6-2(卡麦罗莎×章姬)为母本，与品质优良的父本幸香进行杂交选育出，植株直立，生长势中等，平均

株高20.3厘米，冠径平均为38.4厘米。匍匐茎、侧枝抽生能力强，一般抽生2～3个侧枝。果实短圆锥或球形，风味好，柔软多汁，一级序果平均质量33.4克，平均单果质量14.7克，果实硬度适中，可溶性固形物为14.1%，总糖含量12.4%，维生素C含量较高。

黔莓2号

由贵州省农业科学院园艺研究所以章姬为母本、法兰帝为父本杂交育成的草莓新品种。植株健壮，生长势强，叶片近圆形，

易产生匍匐茎。花序连续抽生性好，粗壮，梗长，花朵大，萼片双层。果实短圆锥形，果实鲜艳，一级序果平均单果重25.2克，最大单果重68.5克；果实鲜红色、有光泽，种子分布均匀；果肉橙红色，果肉韧，香味浓，风味酸甜；可溶性固形物含量10.7%，可溶性糖含量7.6%，含酸量0.5%，每100克果浆中含维生素C 93.01毫克，果实硬度较好，储运性较好；抗白粉病、炭疽病能力强，抗灰霉病中等。

甜查理

美国草莓品种，该品种休眠期短、丰产、抗逆性强、大果型，植株生长势强，叶色深绿，叶片大而厚。鲜果含糖量8.5%～9.5%，株型半开张，叶色深绿，椭圆形，叶片大而厚，最大单果重60克以上，平

均单果重25～28克，果实商品率达90%以上，品质好且稳定、抗性强，但口感偏酸，亩产量可达到2 500～3 000千克，目前国内栽培相对较少。

圣诞红

韩国草莓品种，果实圆锥形，植株生长势强，叶片裂刻较浅，果个大，果色鲜艳，果肉红色，肉质松软，糖酸比较高，口感甜酸；果实成熟早，硬度高，耐运输，具有丰产潜力，营养功能较好，果浆富含维生素C，植株对白粉病和灰霉病等病害抗性较强，亩产量2 000～2 500千克，适宜大棚观光采摘栽培。

枥乙女

又名天皇御用，是日本枥木县农业试验场以久留米49号和枥峰杂交选育。植株长势强，成熟期比章姬、丰香稍晚。该品种果形美观，果面鲜红色，有光泽，

畸形果很少，外观品质极优、耐储运。抗白粉病能力强，但不抗草莓黄萎病。果实圆锥形或扁圆锥形，果实大，一级序果平均单果重34.0克，最大单果重42.0克，亩产量2 200～2 800千克。

黛颜

日本选育品种，植株生长势强，叶片深绿色，果面颜色鲜艳，

果个大，有香味儿，硬度大，耐储运，丰产性好，连续结果能力强。果实长圆锥形，果面艳红色，果肉红色，口感酸甜，固酸比相对较低，果浆中维生素C和锌含量高，抗病性较强，连续结果能力强，产量较高，做鲜食和加工草莓均可。

越珠

由浙江省农业科学院园艺研究所选育，果形长圆锥形，果实颜色橙红色，果肉红白色，果实硬度较大，风味酸甜，口感好，果实具有香气，糖度高，可溶性固形物含量在12%～14.0%，维生素C含量较高，营养丰富，对白粉病有较强的抗性，畸形果率较低，丰产性好，产量较高。

白雪公主

由北京市农林科学院培育的白色草莓品种。植株株型小，生长势中等偏弱，叶色绿，花瓣白色，抗白粉病能力强。果实圆锥形，果个较大，最大单果质量48克。前期果皮浅粉色，2月下旬后深粉色，过度成熟时味变淡，种子附着在果面上，种子变红色时果实成熟；但果实硬度较低，果肉白色，果心色白，果实空洞小，可溶性固形物含量9%～11%，风味独特。

二、常见果实形状分类

草莓果实的形状一般分为圆锥形（长圆锥和短圆锥）、楔形、长楔形、球形、锥形、扁球形等（图3-1）。

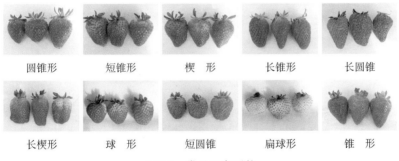

圆锥形　　短锥形　　楔　形　　长锥形　　长圆锥

长楔形　　球　形　　短圆锥　　扁球形　　锥　形

图3-1　常见果实形状

三、常见草莓品种生长状况和品质比较

1.草莓品种物候期比较

物候期对草莓的生长至关重要，草莓提早上市能获得更高的经济效益，越早上市获得的经济效益越高。我们将10个常见品种按照相对的成熟时期划分为早熟型、中熟型和晚熟型3类（基于同一栽培时期，果实成熟的相对时间）。10个品种在京郊温室中都在

8月26日定植，隋珠成熟时间最早，其次是圣诞红和百丽，分别比隋珠晚16天和20天左右，圣安德瑞斯成熟的最晚，在翌年1月10日左右，与隋珠成熟期相隔2个月，京藏香和桃熏成熟的也相对较晚，一般在12月20日左右成熟。其他几个中熟品种成熟时间相近，都在12月1日左右成熟（表3-1）。

表3-1 不同草莓品种在日光温室中的物候期（月/日）

成熟类型	品种	现蕾期	始花期	盛花期	果实始熟期
早熟型	隋珠	9/20	10/2	10/6	10/31
	圣诞红	9/23	10/6	10/12	11/16
	百丽	9/28	10/9	10/14	11/20
	章姬	10/3	10/17	10/22	11/24
中熟型	红颜	10/6	10/19	10/25	12/1
	黛颜	10/8	10/22	10/28	12/4
	越心	10/10	10/25	11/5	12/5
晚熟型	京藏香	10/20	11/4	11/10	12/17
	桃熏	10/23	11/8	11/15	12/20
	圣安德瑞斯	11/2	11/16	11/23	1/10（翌年）

2. 草莓品种果实品质指标比较

草莓品种的推广很大程度上取决于产量和口感品质。单果重是草莓产量的主要构成因素，口感品质与果实的固酸比密切相关。如表3-2所示，早熟品种果实的维生素C含量一般，但是可溶性固形物含量相对较高，而中熟型和晚熟型品种果实维生素C含量较高。不同品种比较，圣安德瑞斯平均单果重最大，果个也最大；黛颜、章姬、百丽和红颜的单果重依次降低，单果重最低的桃熏，果个最小，平均单果重为17.4克。从单株产量来看，圣安德瑞斯单株产量最大，京藏香、圣诞红、章姬和红颜的单株产量均能达到220克以上，桃熏的产量相对较低，单株产量为138.5克。各品种每100克果浆中维生素C含量相比，红颜最高，达到86.3毫克，其次是桃熏为84.7毫克，含量最低的品种是隋珠为29.5毫克。在口感品质比较中，隋珠的可溶性固形物含量最高，即单糖和多糖等含量最高，章姬固酸比最大，口感甜；圣诞红酸度较低口感较甜，红颜、隋珠和黛颜可溶性固形物含量较高，口感甜酸；固酸比最低的是圣安德瑞斯，口感酸；越心、百丽和京藏香3个品种酸度较高，固酸比适中，口感酸甜；桃熏有桃子的清香，果实甜味较淡。不同品种可以满足不同消费群体对果品口感的需求。

表3-2　不同品种产量和品质对比

成熟类型	品种	平均单果重（克）	单株产量（克）	每100克果浆中维生素C含量（毫克）	可溶性固形物（%）	酸度（%）	固酸比	口感
早熟型	隋珠	25.0	198.2	29.5	7.50	1.12	6.70	甜酸
	圣诞红	26.1	231.5	67.6	6.03	0.61	9.97	较甜
	百丽	34.9	214.6	49.5	6.43	1.23	5.22	酸甜
	章姬	36.5	223.7	48.2	7.23	0.73	10.07	甜
中熟型	红颜	34.7	221.7	86.3	7.47	0.83	8.97	甜酸
	黛颜	39.2	175.3	54.7	5.30	0.77	7.00	甜酸
	越心	33.5	163.5	47.9	6.10	1.04	5.88	酸甜
晚熟型	京藏香	26.2	234.9	54.2	4.13	1.04	3.99	酸甜
	桃熏	17.4	138.5	84.7	4.77	0.94	5.08	香甜
	圣安德瑞斯	50.8	266.8	57.3	3.30	0.89	3.72	酸

3. 草莓品种果实矿质营养含量比较

维生素和矿质元素是维持人体健康所必需的营养元素。水果中含有丰富的维生素和矿质元素，草莓能为人们日常生活提供丰

富的矿质营养，其中钾、钙、铁、锌与人体健康息息相关。如表
3-3所示，早熟型品种果实钾含量较高，中熟型品种果实钙、镁和
锌含量较高，晚熟型品种果实铁含量较高。每100克红颜果浆中
钾、镁含量均为最高，分别为47.92毫克、16.18毫克；每100克
黛颜果浆中钾含量最低；每100克越心果浆中钙含量最高，达到
18.66毫克；每100克圣诞红果浆中钙含量最低，所有品种每100克
果浆中钙含量均高于10毫克，对人体补钙有很好作用。每100克
桃熏果浆中镁含量最低为11.66毫克，各品种含量差异较小。铁、
锌微量元素与人体的正常发育密切相关，人体矿质营养主要从水
果中获取。每100克桃熏果浆中铁含量最高，为0.4毫克，其次是
圣安德瑞斯0.39毫克，而百丽含量最低为0.12毫克，大部分品种
铁含量高于0.2毫克。锌在每100克果浆中含量相对较低，红颜和
黛颜2个品种含量最高为0.13毫克，其他品种均低于0.1毫克，圣
诞红含量最低仅为0.03毫克，圣安德瑞斯、越心、京藏香、隋珠
含量相同，均为0.09毫克，不同品种之间果浆中锌含量差异较大。

表3-3　不同品种每100克果浆中矿质营养浓度对比（毫克）

成熟类型	品种	钾	钙	镁	铁	锌
早熟型	隋珠	46.33a	13.64bc	15.18b	0.19ef	0.09ab
	圣诞红	35.07c	10.67c	11.92efg	0.17f	0.03c
	百丽	39.24b	15.12b	13.52d	0.12g	0.04c
	章姬	36.14c	13.93b	12.33efg	0.22de	0.05bc
中熟型	红颜	47.92a	15.94ab	16.18a	0.29b	0.13a
	黛颜	33.56c	14.62b	12.61e	0.24cd	0.13a
	越心	36.20c	18.66a	14.28c	0.28bc	0.09ab
晚熟型	京藏香	34.12c	15.65ab	11.86fg	0.21de	0.09ab
	桃熏	33.76c	15.12b	11.66g	0.40a	0.08bc
	圣安德瑞斯	35.36c	16.12ab	12.44ef	0.39a	0.09ab

注：不同小写字母表示不同品种间显著性差异（$P < 0.05$）。

目前这些品种品质和产量方面表现较好，但是抵抗病虫害能力不足，因此要加快抗病性品种的选育，增加品种的多样性，推动草莓产业向着安全、优质、绿色、高效和可持续的方向发展。

第三节　温室草莓育苗技术

一、培育壮苗

优质健壮的子苗是获得草莓高产优质的基础，壮苗植株体内营养状况良好，根系发达，定植后能快速成活生长，花芽发育良好，为多开花多坐果奠定了基础，"好苗七成收"就是这个道理。

草莓优质壮苗基本标准：绿叶数4～6片，新茎粗0.8～1.2厘米，叶柄粗短，苗重25～30克，根系发达、白根数5条以上，无病虫害。如果是草莓种植新手，为了能保障稳定的经济效益，减少不必要的损失，建议直接购买脱毒苗（图3-2）。

图3-2　培育脱毒苗

草莓为多年生植物，从种子到繁殖生长三代以上产生的茎为匍匐茎或新植株。草莓的繁殖依靠匍匐茎，草莓母苗匍匐茎接触附近潮湿土壤或基质发育形成子株，子苗以相同的方式产生下一代子苗，形成好的子苗最重要的是匍匐茎能够接触到潮湿的并富含营养的土壤或基质，草莓育苗就是利用草莓的无性繁殖的特点，获得大量的子苗以获得更高的经济效益。草莓育苗时间一般从3月底至4月初定植母株开始，到8月下旬移栽结束，每一个育苗周期会生产三至四代子苗。一般来说，在合适的条件下，母株定植越早，生产的子株数量越多，获得经济效益越高。

二、育苗技术模式

1.避雨土壤繁苗技术

抵御恶劣天气能力强，受天气影响程度弱，是育苗基地目前主要使用的种苗繁育技术。对于降水多的年份，避雨土壤繁苗能够避免雨水带来的病害，保持较好的种苗生长势。避雨土壤繁苗技术母苗有两种栽培形式（子苗均在土壤中）：母苗在土中繁育（图3-3）和母苗在基质槽中繁育（图3-4）。

图3-3 母苗在土中繁育

一般选用组培原种苗或育苗专用母株，不提倡用生产株作育苗母苗。如用生产株作育苗母株，应在大田草莓采收刚结束或近结束时，及早在保护地内或田间选择品种纯正、生长健壮、根系发达的无病苗作为母株。

图3-4 母苗在基质槽中繁育

2.避雨槽式基质繁苗技术

避雨槽苗采用基质栽培和营养液供给水分、肥料的方式，可有效防止土传病害、连作障碍等问题，更有利于防治病虫害，种苗质量更佳，但繁苗成本略高于其他模式。将基质中均匀掺入一定量的控释肥（释放期60天），首先将土地平整好，基质槽整齐排列（图3-5），再将脱毒的母苗定植在基质槽中（图3-6），在母苗槽的下边放上三排基质槽，第一代子苗、第二代子苗和第三代子苗分别插入繁育（图3-7）。

图3-5 避雨槽苗母苗的 　图3-6 定植后长势 　图3-7 人工进行子苗
　　　定植 　　　　　　　　　　　　　　　　　　引压

基质苗具有带肥移栽的优势，缓苗快，成活率高，同时可以减少移栽后氮肥的投入，能够提早开花结果，增加种植的经济效益。

3.立体基质繁苗技术

该种育苗模式将母株定植在A形钢架顶部基质槽与两侧底部土壤中，子苗分别向下、向上的引压在两侧的C形基质槽内。使用滴灌供水供肥，结合喷灌提高大棚湿度和降低温度。图3-8和图3-9为立体基质育苗架的结构和母苗定植位置。

图3-8 立体架式结构

此种繁苗模式可有效提高土地利用效率，增加空间利用率，增加单位面积育苗数量，相较于传统避雨土壤繁苗技术，繁苗数量可增加一倍以上，每亩可达到5万余株。母苗定植在高架最上层，匍匐茎按压在下层基质中（图3-10），工人可以直立身体或者坐在通道进行棚内育苗（图3-11），可以降低劳动强度，便于日

图3-9 连作模式长势

图3-10 顶部向下压

图3-11 使用芦苇棒向
上压

常管理，减少人工支出。

4. 避雨营养钵繁苗技术

避雨营养钵繁苗技术，不需要起苗，不伤根，定植操作简单、方便，缓苗期短，可有效提高种苗成活率，一般成活率达到95%以上。种苗健壮，抗病虫害能力强，但在育苗生产中费工费时，生产成本较高。合作社针对部分小品种选用了此种方法育苗（图3-12、图3-13）。

图3-12 营养钵棚内繁苗

图3-13 营养钵摆放方式

三、母苗定植

母苗定植于3月中旬至4月中旬进行，母苗移栽前在基质钵中培育以提高母苗的成活率和育苗质量（图3-14）。育苗母株定植时间南方地区一般在3月中下旬，北方地区一般4月上中旬，日平均气温超过12℃时适宜定植。栽植草莓时母苗株距40～50厘米，每亩栽1 200～1 600棵，南方可适当增加密度，北方可适当减少种植数量。植株栽植的合理深度是苗心茎部与地面平齐，做到"深不埋心，浅不露根"，两侧栽种按照弓背向内的方法向着另一侧方向繁殖。

图3-14　母苗培育

四、母株定植后的管理

草莓苗最佳生长温度是22～28℃，超过32℃生长即停止。遮阳可以维持较低温度，促进草莓花芽分化。在7～8月光照强、温度高时，用黑色遮阳物遮住草莓苗，以满足草莓花芽分化所需的短日照和低温条件。

1. 促进母苗根系发育（4月）

种苗定植后立即浇足量的水，此后根据土壤湿度情况进行补水，待母株成活后，用海藻酸1 500倍液或促生根剂进行灌根，每株灌水量150～300毫升，促进根系发育和种苗生长健壮。每亩采用穴施或滴灌的方式施用25～30千克高氮复合肥，整个育苗期要保持土壤或者基质湿润，以促进匍匐茎生长发育。

2. 增加繁殖（5～6月）

为促进母苗早抽、多抽生匍匐茎，在4月下旬至5月上中旬喷施2次20毫克/升赤霉素或促生根菌剂。匍匐茎抽生后，把匍匐茎均匀排列，保证子苗都有一定的生长空间，当匍匐茎上的子苗有2～3片完全展开叶时应及时进行压苗，促进子苗扎根。进入6月匍匐茎大量发生，应及时压苗，及时疏理匍匐茎蔓，保证通风透光。注意5月以后棚内温度较高，此时期炭疽病易发，要提前预防。

3.防止旺长（6月中旬至8月上旬）

随着温度的升高，子苗生长速度加快，容易旺长。因此，7月中旬之前应结束育苗进程，不同代数子苗的苗龄有差异，草莓子苗最佳的苗龄为60～80天，苗龄低于60天的苗，子苗植株较小，不易成活（裘建荣等，2009）。另外，该时期降水较多，高温高湿易导致炭疽病发生，此时如果草莓苗生长旺盛、茎叶细小则易感染炭疽病。子苗生长时期及时控旺，控制秧苗长势，促进茎叶成长，增加植株的抗病能力。若发现旺长趋势，建议喷施适当浓度的矮壮素或多效唑等，此后根据长势情况间隔10～20天处理一次。控制旺长也有利于促进花芽分化，培育壮苗。7月下旬之后，可滴灌适量的磷、钾肥1次，促进花芽分化，健壮秧苗。

4.假植、定植（8月中旬至9月初）

草莓假植、断根阻止根系对氮素的吸收，可促进花芽提前分化，提早开花上市。及时清除老叶，以减少营养消耗和抑制花芽分化物质的产生。北方地区可在8月上旬进行假植，假植床应提前搭建遮阳网，选择健壮无病苗带土假植，假植苗管理适当遮阳，栽后立即浇透水，并在前三天每天滴灌两次水，以保持土壤湿润。假植时间为10～15天，然后进行定植移栽。

五、育苗各时期注意事项

育苗各时期的注意事项详见表3-4。

表3-4　苗期管理技术要点

时间	技术措施	种植要点、水肥管理、病虫害防治
前一年11月	留种苗	从日光温室选取结果较好、纯度较高的草莓苗栽种到冷棚，并覆盖0.8毫米厚的塑料膜保温
4月中下旬	母苗栽种	将母苗从留种的冷棚移栽到育苗棚进行育苗，每棚（400米²）栽种800～1 000株，株距20厘米，双行种植，双行之间距1米

（续）

时间	技术措施	种植要点、水肥管理、病虫害防治
5月中下旬	开始接种第一批子苗	5月上旬陆续会有营养繁殖器官（匍匐茎）生长出来，5月中下旬生长出来的子苗不要接种。此期间注意防治红蜘蛛和炭疽病。子株施用 50 ～ 60 毫克/株的N，50 毫克/株的P_2O_5，50 毫克/株的K_2O
5月中下旬至8月中下旬	持续接种子苗	从接种第一批子苗开始，陆续接种子苗。期间注意打老叶和黄叶以及注意灌水，每天上午9 ～ 10点用滴灌浇水20 ～ 30分钟（1.86升/时）

第四节　温室草莓栽培技术

一、土壤栽培

翻耕棚地，深度 20 ～ 30 厘米，结合翻耕施足底肥，每亩施入优质有机肥 2 000 千克，采用小高畦双行南北向起垄栽培，垄高40厘米，行距20厘米，株距30 厘 米，定 植 株 数10万 株/公顷。南北起垄的栽培模式（图3-15）可以使草莓的果实接受更多的光照，促进草莓果实的形成和着色。

图3-15　南北起垄栽培

二、半基质栽培

半基质栽培（图3-16）的栽培槽是梯形的，在填充土壤时，将土壤填成三角形，占半个栽培槽，然后在土壤上铺满基质土。上层基质松软，根苗易于生根，成活率也提高，下层的土壤也易于保水、保肥和保温（王娅亚等，2018）。传统地栽最大的弊端就是难以克服土壤连作障碍，一旦一块土地连续种植草莓3年以上，其中的致病微生物就会增多，容易发生病虫害，土壤盐渍化严重，可能灼伤根苗。而采用半基质栽培技术，因上层铺的是基质土，每年种植季结束后，通过基质的清洗、消毒等，可有效解决土壤连作障碍。半基质栽培技术的优势，底层放土壤，上层覆基质，根系深入土壤，土壤孔隙度小，在外界温度变化时，土壤起到调控作用，使得栽培槽中的温度得以保持，省去一部分保温设备的成本。

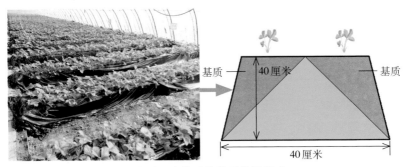

图3-16　半基质栽培质栽培模式

三、基质栽培

基质特点：无土栽培基质是能为植物提供稳定协调的水、气、肥结构的生长介质。它除了代替土壤支持、固定植株外，更重要的是发挥"中转站"的作用使来自营养液的养分、水分得以中转，植物根系从中按需选择吸收。因此，栽培基质理化性状的好坏将直接决定能否为作物生长提供良好的根际生长环境。

基质选择：基质需有足够的容重，以防因作物过重而倒伏。但容重大，总孔隙度则小，这种基质操作不方便、透气性差、栽培效果不好；容重过小，基质太轻，也影响作物根系生长，一般认为，基质容重以0.1～0.8克/厘米^{3}效果较好。草莓生长适宜中性或偏酸性环境（pH为5.5～6.5）。一般选用草炭：蛭石：珍珠岩=2：1：1，或者椰糠：蛭石：珍珠岩=2：1：1，不仅可以满足孔隙度、容重的要求，而且该基质为中性，不影响营养液的养分活性。

基质栽培优势：基质栽培条件下，肥水利用效率高，淋洗渗漏损失小，养分可实现高效利用。立体无土栽培因其可有效避免土传病害、水肥利用效率高、高架挂果美观且管理上可以直立身体操作，便于操作省时省工。

基质栽培的方式有以下几种。

1.H形双层架栽培

H形立体栽培架是目前在生产中应用较广的一种草莓立体栽培装置，由栽培架、栽培槽、进水管、回水管等组成（图3-17）。H形双层架栽培有两种形式，一种用双层塑料薄膜装基质（图3-18），另一种用泡沫保温箱装基质（图3-19）。

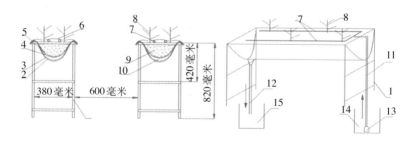

图3-17　草莓H形高架栽培示意

1.栽培架　2.透明厚塑料布　3.黑白塑料膜　4.防虫网　5.黑色无纺布　6.白色覆盖膜　7.滴灌管　8.草莓植株　9.栽培基质　10.剩余营养液　11.供水管道　12.回水管道　13.水泵　14.营养液桶　15.回液桶

2.H形多层架栽培

为了充分利用温室空间资源，设计出H形多层架，一般为三

双层塑料膜

图3-18　双层塑料薄膜栽培

图3-19　泡沫保温箱栽培

层，上边两层栽培草莓，最下边由于光、热、气条件差，大多种蔬菜（图3-20，图3-21）。

图3-20　双层架

图3-21　三层架

3. 后墙架式栽培

温室后墙是重要的空间资源，后墙可采用管架式基质栽培，基于温室高度，后墙可铺设4排管架，采用滴灌的栽培方式（图3-22，图3-23）。

4. A形架式栽培

A形基质栽培架可铺设6根栽培管道，能充分利用光温资源，增加温室的观赏性（图3-24）。

5. 阳台栽培

为了满足当前生态观光园区的需求和室内阳台栽培需求产生了

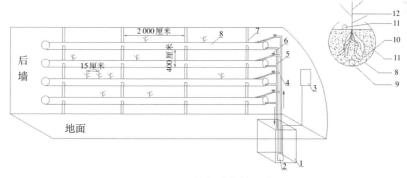

图3-22　后墙架式栽培示意

1.营养液桶　2.水泵　3.定时控制器　4.供水管道　5.回水管道　6.阀门　7.栽培架
8.栽培管道　9.集液管　10.防虫网　11.栽培基质　12.草莓植株

图3-23　实物图

图3-24　A形基质栽培架

基质盆栽（图3-25）和管式营养液栽培（图3-26）两种栽培形式。

图3-25　盆栽草莓　　　　　图3-26　营养液循环架

第五节　温室草莓定植技术

一、土壤基质消毒管理

1.土壤消毒——固体石灰氮消毒

草莓是受连作障碍影响比较严重的作物，定植前必须做好基质消毒和大棚的准备工作。

石灰氮消毒机理及优势：石灰氮是氮化肥中唯一不溶于水的肥料，它施到土壤中后，先与土壤中的水分、二氧化碳发生化学反应，生成氰氨化钙、氢氧化钙、游离氰氨和碳酸钙。氰氨化钙与土壤胶体上吸附的氢离子交换形成游离氰氨，进一步水解生成尿素，再进一步水解为碳酸铵（张辉明等，2011）。石灰氮含氮素17%～20%、含钙50%，由于不易淋溶，可防止土壤酸化，改善土壤结构，改良次生盐渍化，增加土壤钙素和有机质，能使有效氮均匀缓慢地释放，其有效成分全部分解为作物可吸收的氮，没有残留，肥料的有效期达80天以上。石灰氮在土壤中分解产生的氢氧化钙又能对酸性土壤起到中和作用，还可预防作物缺钙症，增强草莓果皮韧性，减少草莓生理性病害的发生，提高草莓的耐贮性，从而大大降低因运输过程中果皮损伤带来的经济损失。

2.基质消毒——液体石灰氮消毒

基质消毒不同于土壤，一般采取高温闷棚，采用液体石灰氮较好（图3-27）。操作步骤如下：①草莓拉秧后将残留在基质中的草莓根系清除，用开沟器翻置疏松栽培架中的基质；②用液体石灰氮滴灌，每亩用12.5千克；③覆膜，高温闷棚1个月，如果栽培架中的基质是重复使用两年以上的基质，应该按照（体积比）基质：商品有机肥 = 36 ∶ 1添加有机

图3-27 密封石灰氮消毒

肥，温室后墙、山墙、土壤喷施2 000倍液甲基硫菌灵，进行温室草莓定植前消毒。

3.基质洗盐

基质栽培过程中长期的定量化水分灌溉，导致基质中盐分大量积累，严重超过了草莓适宜生长的EC值，需要采取一些措施降低其盐分含量，以保证草莓根系正常生长，一般采用清水洗盐。按照每回流0.6米^{3}水可降低500微西/厘米，制定合理的灌排水体积。一般灌排3 ~ 6次（每次0.6米^{3}水），即可起到良好的洗盐作用。

4.安装滴灌设施

（1）首部枢纽

首部枢纽包括水泵、过滤器、施肥器、控制设备和仪表等。①水泵：根据水源状况及灌溉面积选用适宜的水泵种类和合适的功率。对于供水量需要调蓄或含沙量较大的水源，通常要修建蓄水池。②过滤器：过滤器一般采用叠片式过滤器，以使用125微米以上精度的叠片过滤器为宜，大小应与输水管相配套。③施肥器：

图3-28 比例式施肥器

施肥器可根据具体条件选用压差式施肥罐、文丘里施肥器、比例式施肥器或其他泵吸收施肥器，一般选用比例式施肥器（图3-28）；肥料母液贮存罐应选择塑料罐等耐腐蚀性强的贮存罐，根据滴灌施肥的面积等因素选用适当大小的容器。

④控制设备和仪表：系统中应安装阀门、流量和压力调节器、流量表或水表、压力表、安全阀、进排气阀等。

（2）输配水管网

输配水管网是按照系统设计，由干管、支管和滴灌带（或滴灌管）组成（图3-29）。棚内由支管和滴灌带（或滴灌管）组成，支管采用直径为35～45毫米的（PVC-U）硬管；滴灌带采用内镶式滴灌带或薄壁滴灌带，流量为1～3升/时，滴头间距为20～30厘米。滴灌带（或滴灌管）铺设在2行草莓之间，1根滴灌带（或滴灌管）供应1行草莓。

配水管道

图3-29 配水管道

（3）滴灌施肥系统使用

使用前，用清水冲洗管道。施肥后，用清水继续灌溉15分钟，将管道冲刷干净。

（4）系统维护

每30天清洗肥料罐1次，并依次打开各个末端堵头，使用高压水流冲洗主、支管道。按设备说明书要求保养施肥器。大型过滤器的压力表出口读数低于进口压力（60.795～101.325千帕）时清洗过滤器。小型单体过滤器每30天清洗一次。

（5）滴灌带作用

一是可以有效控制冬季棚室内湿度，湿度降下来后，白粉病、灰霉病的发病率会大大降低；二是可以水肥一体化施肥，提高肥水利用效率；三是滴灌能有效控制基质水分，可轻松实现少量多次施肥，显著提高果实的含糖量、降低酸度、改善风味。

二、温室草莓定植管理

1. 定植时间

定植时间为每年8月下旬至9月上旬，生育期一直持续到翌年6月初。

2. 定植原则

定植应做到"深不埋心、浅不露根"，定植时让根系充分展开避免窝根，压实土壤或基质。

3. 定植过程

定植前，基质要先湿润，湿润程度如图3-30所示，即用手挤压能浸出水分为宜。适宜的壮苗可以直接定植，苗龄较大的定植前除去部分老叶，然后药剂处理草莓苗预防根部病害（图3-31）。把草莓苗的根部放在25%嘧菌酯悬乳剂1 500～2 000倍液或50%多菌灵可湿性粉剂500倍液里浸泡1～2分钟，同时需注意避免浸泡苗叶，等自然沥干后再定植。注意配制的药液只浸泡1次，不能重复使用，

图3-30　基质湿润程度

图3-31　打完老叶的幼苗

弓背向外

图3-32　定植方向

避免病害交叉感染。

4.定植技巧

定植草莓时应使草莓根茎部的弓背朝向外侧（图3-32）。因为弓背是将来抽生花序的部位，这样可使草莓果实结在垄外侧，果实受光充足，色泽好，病害轻，采摘、管理方便。

三、提高草莓移栽成活率的技术措施

1.断根

带土或基质移栽定植前15天进行1次断根处理，处理方法是用小铁铲在离植株5厘米处四周切断根系，深度10厘米，并将土块或基质轻轻地向上松动。处理后秧苗出现轻度萎蔫，可浇水1次。在移栽前1天用水浇湿育苗地块，以免切取秧苗时土块或基质散碎，有利于保持土块形状。秧苗带土或基质移栽定植可减少根系损伤，增加移栽毛细根数量，有利于缓苗和提高成活率。

2.移栽前摘除老叶

移栽前摘除一部分老叶，留2～3个新叶，前期根系活性弱，打掉老叶，能够减少蒸腾作用，减小吸水吸肥压力。摘除过于衰老叶片时要从茎根部掰掉，老叶不能从根部掰掉，要留一部分叶柄，避免伤根，有利于成活，特别是在长途运输种苗时，运输前摘除老叶可减少运输途中水分的蒸发，提高移栽后成活率。

3.移栽时间选择

避过晴天高温移栽，最好选择阴天定植，蒸腾量小，空气湿度大，可加速缓苗，提高成活率。如果晴天栽苗一定要在下午气温开始下降后进行，可避免秧苗被烈日暴晒。

4.根系处理

用促生根生物活性剂灌根，促进生根，有利于栽植后成活和生长。海藻酸、生根粉等植物制剂也可用于草莓的根系处理，促进移栽后根系的生长发育。

5.定植

定植时，右手大拇指、食指和中指捏住根茎部，3个指头的指甲压着叶鞘基部，左手挖1个8厘米左右的穴，然后将幼苗放入穴内，深度略深于定植深度，保证根部垂直且松散分布在穴内，用细土或基质将穴填平，再轻轻将苗向上提一提后压实，保证草莓定植深度为叶鞘基部与畦面持平或略低于畦面，最后压实土壤或基质。

6.定植后管理

及时在大棚中检查草莓定植后的生长状况，若出现露根或栽培方向不符合花序预定伸出方向的植株，应及时调整或重新移栽，及时观察，补水补苗，以保证苗齐、成活率高。

第六节　温室温、湿度调控技术

草莓定植后的温度管理要以既能抑制休眠又不影响花芽分化为目的，要注意适时保温。良好的温度和湿度控制不仅可以防止草莓发生病虫害还可以使草莓提早开花结果，以获得更高的经济收益。

一、温度调控

日光温室的温度调控主要通过覆地膜和棚膜、加盖棉被、安装室内暖气片等方式，北方草莓温室一般在10月下旬扣棚膜和铺黑色地膜，11月上旬加盖棉被（图3-33），通过安装室内温度传感器和温度显示器（图3-34）时刻监测棚内温度，通过风口大小和开闭控制棚内温度。

图3-33　棉被调控棚内温度

图3-34　大棚温度显示器

一般是在顶花芽现蕾时进行地膜覆盖。地膜以黑膜为好，破膜提苗时要注意把苗从膜内拿出时不要伤到花蕾。当白天气温降至17℃、夜间气温降至10℃左右时上大棚膜。北京地区一般在10月中下旬扣棚膜为宜。

当大棚内夜间最低温度在5℃以下时上内棚膜，一般在12月上旬进行。萌芽至现蕾期，白天温度控制在15～20℃，夜间8℃左右。开花期棚内白天温度掌握在25～28℃，夜间10℃以上，温度过高花粉死亡，温度过低花粉活性不够，难以授粉，畸形果率增加。

开花后棚内温度适当降低，白天温度控制在20～25℃，夜间5℃以上，防止温度过高，果实成熟过快，果个偏小。棚温高于

32℃时应及时进行掀膜降温，当最低气温稳定在5℃以上时可揭除内膜。

4月下旬可通气降温。棚内湿度尽可能保持在50%～70%。通过大棚风口开合调节温度，还可以调节草莓的上市时间，使利益达到最大化。

二、湿度调控

定植后滴定根水，第一次灌溉要滴透，使根系自带的土壤或基质湿透，直到整个垄面或基质槽湿润为止。缓苗以后进入秋凉季节，草莓开始旺盛生长，但此时已接近9月中下旬的花芽分化期，植株生长过旺会延迟花芽分化，因此缓苗后不宜追肥，要少滴水，保持土壤或基质湿润、不干即可。到9月下旬，第一花序开始分化，为促进花芽的发育，冲施24-8-18的水溶肥2.5千克/亩，以后每隔7～10天滴水一次。开花期要控制滴水，果实坐住后到成熟期要及时滴水，保持土壤或基质湿润。

定植后25天左右灌溉，灌水量以湿润耕层20厘米为宜，土壤栽培一般滴灌4～5米³水，基质栽培滴灌2～3米³水。第二次灌溉，一般滴灌3～4米³水，不追肥；定植后每亩用土康元5升和海绿素500毫升灌根，可起到防治草莓苗死苗的作用。定植缓苗后，喷施药剂防治草莓白粉病、灰霉病、炭疽病和红蜘蛛虫卵，连续防治3～4次，每7天一次。

棚室内湿度控制主要通过科学灌水和放风来完成。花芽分化期需水量较小，果实膨大期需水量较大，开花期及果实采收前要适当控水，以防止棚内湿度大影响授粉和果实品质，植株易感染病害。为降低棚室湿度，可在垄沟铺黑色地膜。另外，坚持每天放风，即使是阴天也要在中午放风半小时左右。

草莓开花结果期，要特别注意控制棚内湿度，加强水肥管理。适时适量灌水，保持空气湿度稳定、土壤和基质湿度稳定，及时疏除花序上高级次的花蕾和畸形果等，能够促进果实膨大。在适宜范围内，土壤含水量大时果实含水量也大，果实光泽好。但要注意，施肥过多果实光泽不好，特别是磷肥过多光泽差。

注意根据天气情况进行大棚通风换气，晴天时尽可能早点进行大棚通风换气，因为中午前后阳光强烈，棚内温度、湿度都升高很快，这时通风换气，会使棚内湿度迅速下降，叶片快速失去大量水分，容易发生烧叶。

日光温室促成栽培的草莓在开花结果期，要充分利用当前的自然光照条件，并通过人工照明条件，增加早晚的光照时间和光照度，长光照、强光照配合适当的低温，能够促进果实成熟着色，提高果实品质。

第七节　温室草莓田间管理技术

一、授粉

植株进入开花期以后需要授粉，应放养蜜蜂辅助授粉。开花前

图3-35　熊蜂授粉

三四天放入蜂箱。前期人工喂养，在10％植株初花时放蜂，放蜂量以平均每株草莓1只蜂为宜（图3-35）。草莓花序上先开的花结果好，果实个大、成熟早；后期花往往不能形成果实而成为无效花。因此，开花以后，要及时对草莓进行疏花、疏果、打叶等操作。

二、疏花

每株草莓一般有两个花序，每个花序着生6～30朵花，一般

只留下较大的 4 ~ 5 朵。在花蕾分离期，最晚不能晚于第一朵花开放，要把高级次的晚弱花蕾疏除，疏去同一花序中的次花和小花（图3-36）。疏花不仅可降低畸形果率，也可减少养分消耗，促使养分集中供应先开的花蕾，使果实果个大、整齐，成熟早，品质好。

这两朵花蕾需要去掉，留 3 ~ 4 颗果实即可

图3-36 疏 花

三、疏果

在幼果的青色时期进行，即疏去畸形果、病虫果及果柄细弱的瘦小果。头茬果留 4 ~ 6 个，进入二茬果以后，每个花序留果 6 ~ 8 个（图3-37）。每株草莓留果个数与草莓品种、定植密度、土壤肥力等因素有关。种植中晚熟品种及在土壤肥力较高、植株生长旺盛的地块，可适当多留；基质栽培下主要根据品种进行留果。

图3-37 疏 果

四、打老叶

草莓在生长期，叶片不断更新，在生长季节，当发现植株下部叶片呈水平着生并开始变黄、叶柄基部也开始发黄时，说明老叶无法进行光合作用，应及时从叶柄基部掰掉。特别是越冬老叶常有害虫、病菌寄生，在新叶长出后应及时掰掉。植株上的侧芽、匍匐茎也要及时摘除（图3-38）。好处是通风透光，能减少水分、养分的消耗，减少病虫害的发生。

图3-38　打完老叶的植株

第四章
草莓高产高效水肥管理技术

第一节　温室草莓养分吸收规律

养分资源管理是草莓实现高产、优质、安全、高效生产的重要途径。在明确草莓养分吸收规律的基础上，根据草莓养分吸收特点合理调控草莓不同阶段养分供应，可以实现草莓养分精准管理。近年来，草莓立体基质栽培因其可有效避免土传病害、肥水利用效率高、美观、省工等特点在草莓主产区得到大面积推广。明确设施条件下土壤栽培和基质栽培草莓的干物质积累及养分吸收规律，为设施栽培草莓的养分管理提供科学的理论依据，为实现草莓高产、优质、安全、高效生产提供技术支撑。

一、设施基质栽培条件下草莓干物质积累动态变化

我们监测了基质栽培条件下草莓从苗期到第一茬果采收结束的干物质积累动态变化，包含了草莓的四个生长阶段，分别是苗期（定植后0～65天）、花期（定植后65～90天）、膨果期（定植后90～120天）和成熟期（定植后120～145天）。从图4-1可以看出基质栽培草莓定植后的干物质积累动态，总体呈S形曲线变化。草莓的干物质量在不断增加，在苗期和花期其干物质积累速度一致，到草莓膨果期由于果实膨大草莓的干物质快速积累，在果实成熟期干物质积

累速度逐渐减缓，草莓在苗期、开花期、膨果期和成熟期干物质的积累量分别为400千克/公顷、360千克/公顷、1 010千克/公顷和380千克/公顷，分别占整个生育期的19%、17%、46%和18%。

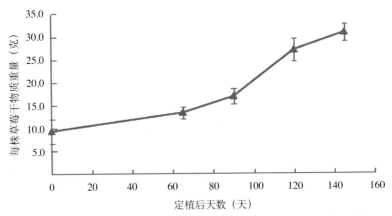

图4-1　设施基质栽培条件下草莓不同生长时期干物质积累动态变化

注：干物质和养分吸收量均是从苗期到头茬果结束的数据。

二、设施基质栽培条件下草莓大量元素养分吸收动态变化

1.不同时期平均单株氮、磷、钾养分吸收量

图4-2表示了基质栽培条件下草莓各时期大量元素的养分吸收动态变化，总体呈S形曲线变化。在基质栽培生产中草莓从苗期至成熟采收，氮、磷、钾养分含量都在增加，其中钾>氮>磷。在苗期和花期是草莓氮素积累的关键时期，花期过后草莓对氮素的积累减缓；钾素的需求高峰出现在膨果期，草莓花期之后出现了草莓钾素营养的快速积累，可见草莓果期需钾量较大；磷素的吸收高峰出现在花期，进入果期之后磷素的积累逐渐减缓。根据氮、磷、钾养分含量的动态变化可以看出草莓苗期各养分按照一定的比例稳步增长，到花期氮、磷、钾养分均出现快速积累，草莓果期钾养分快速积累，氮、磷养分积累逐渐减缓。

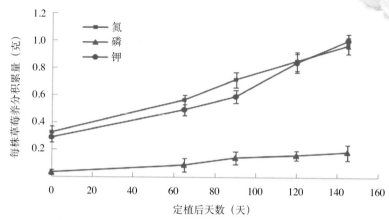

图4-2 设施基质栽培条件下草莓不同生长时期大量元素养分吸收动态变化

2.不同时期氮、磷、钾的吸收分配规律

由表4-1可以得出，果实的形成需要大量的养分供应，尤其是膨果期钾素吸收量迅速增加，膨果期氮、磷、钾的吸收量分别为13.9千克/公顷、1.8千克/公顷和25.2千克/公顷，占整个生育期吸收总量的21%、12%和35%，吸收比例为氮：磷：钾=1：0.13：1.81。苗期和成熟期养分的吸收量也较大，苗期氮、磷、钾的吸收量分别占整个生育期吸收总量的38%、36%和28%；成熟期氮、磷、钾的吸收量分别占整个生育期吸收总量的17%、16%和24%；花期养分积累趋于平缓，积累量较少。

表4-1 草莓地上部氮、磷、钾吸收量在不同生育期的分配比例

养分	苗期	花期	膨果期	成熟期
氮	38%	24%	21%	17%
磷	36%	36%	12%	16%
钾	28%	13%	35%	24%
吸收比	1：0.23：0.86	1：0.36：0.65	1：0.13：1.81	1：0.20：1.42

三、设施基质栽培条件下草莓中量元素养分吸收动态变化

1. 设施基质栽培条件下草莓中量元素养分吸收

在设施基质栽培条件下草莓各时期中量元素的养分吸收动态变化如图4-3所示，钙、镁吸收呈明显的S形曲线变化，草莓从定植后苗期至第一茬果采摘结束对钙、镁的积累一直在增加，草莓对钙的需求总量大于镁。设施基质栽培条件下草莓不同生育时期对钙、镁的需求不同，苗期钙、镁的积累处于相对平缓的状态，钙、镁的积累主要在花期以后。钙的需求高峰出现在膨果期，花期出现了吸钙停止状态，这可能是因为设施条件下草莓生理性缺钙，导致钙积累停滞。草莓对镁的吸收高峰出现在膨果期，果期对钙、镁的吸收均表现先急速积累后逐渐放缓，可见草莓在膨果期需要大量的钙、镁，钙、镁对于果实形成至关重要。

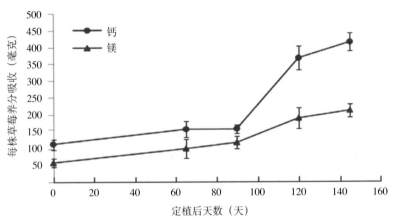

图4-3 设施基质栽培条件下草莓不同生长时期中量元素养分吸收动态变化

2. 不同时期钙、镁的吸收分配规律

由表4-2可以得出，草莓吸收养分最多的时期是膨果期，膨果期钙、镁的吸收量分别为21.16千克/公顷和7.24千克/公顷，占整

个生育期吸收总量的69%和47%，吸收比例为钙：镁=1：0.34。苗期的钙、镁的吸收量也相对较大，占整个生育期吸收总量的14.2%和26.7%，吸收比例为钙：镁=1：0.95；成熟期钙、镁的吸收量分别占整个生育期吸收总量的15.5%和15%，花期养分积累趋于平缓，积累量较少。

表4-2　草莓地上部钙、镁吸收量在不同生育期的分配比例

养分	苗期	花期	膨果期	成熟期
钙	14.2%	1.3%	69.0%	15.5%
镁	26.7%	11.6%	46.7%	15.0%
吸收比	1：0.95	1：17.82	1：0.34	1：0.49

四、设施基质栽培条件下草莓微量元素养分吸收动态变化

1.不同时期铁、锰、铜、锌、硼的吸收动态

设施基质栽培条件下草莓苗期、花期、膨果期和成熟期微量元素养分吸收动态如图4-4所示，草莓从定植后苗期至第一茬果采收结束铁、锰、铜、锌、硼养分含量持续增加，设施基质栽培条件下草莓对不同微量元素的需求量不同，对铁的吸收量最大，其次是锰、硼、锌，对铜的需求量最少。设施基质栽培条件下草莓不同生育期对各微量营养元素的需求不同，锰、锌、铜元素的养分积累呈现一致变化，苗期相对平稳积累，从花期开始进入养分快速积累，进入养分吸收高峰期。铁养分的吸收高峰出现在果期，花期出现了养分吸收停滞状态，这可能是草莓花期出现缺铁问题导致的，根据试验结果草莓花期植株铁浓度为150～170毫克/千克，植株锰浓度为100～210毫克/千克，而植株锰正常含量范围是20～50毫克/千克，草莓植株锰处于过量状态，铁/锰能很好地说明植株是否缺铁，大豆中铁/锰小于1.5时说明植株发生缺铁症状或出现锰过剩现象，而本研究中草莓花期铁/锰为0.81～1.5，更

进一步证明了草莓花期发生了因锰浓度过高导致的缺铁现象。草莓对铜元素的需求量很低，一直处于相对平稳的缓慢积累状态。

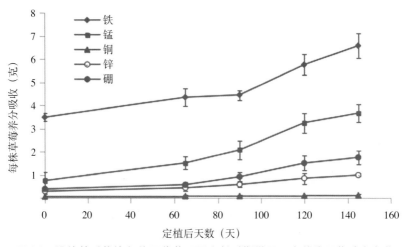

图4-4　设施基质栽培条件下草莓不同生长时期微量元素养分吸收动态变化

2.不同时期铁、锰、铜、锌、硼的吸收分配规律

根据表4-3可得，草莓不同时期铁、锰、铜、锌、硼的分配差异较大，主要是在膨果期，膨果期各元素的吸收量分别为0.13千克/公顷、0.12千克/公顷、0.002千克/公顷、0.02千克/公顷和0.06千克/公顷，占整个生育期吸收总量的42%、41%、42%、39%和44%；苗期和成熟期各微量元素的吸收量也相对较高，苗期占整个生育时期吸收总量的28%、26%、31%、21%和13%；草莓在膨果期大量积累铁、锰、铜、锌、硼在果实中，苗期草莓生长也积累了较多的养分。

表4-3　草莓地上部微量元素吸收量在不同生育时期的分配比例

养分	苗期	花期	膨果期	成熟期
铁	28%	3.0%	42%	27%

（续）

养分	苗期	花期	膨果期	成熟期
锰	26%	20%	41%	13%
铜	31%	6%	42%	21%
锌	21%	20%	39%	20%
硼	13%	25%	44%	18%
吸收比	1∶0.88∶0.03∶0.17∶0.22	1∶5.42∶0.04∶1.38∶3.27	1∶0.90∶0.02∶0.21∶0.45	1∶0.47∶0.02∶0.17∶0.30

综上，设施基质栽培条件下草莓整个生育期各养分的需求量大小顺序依次为：钾、氮、钙、镁、磷、铁、锰、硼、锌、铜；各营养元素的吸收比在各生育时期呈现一定的规律，在草莓苗期氮∶磷∶钾=1∶0.23∶0.86，铁∶锰∶铜∶锌∶硼=1∶0.88∶0.03∶0.17∶0.22；在草莓花期氮∶磷∶钾=1∶0.36∶0.65，铁∶锰∶铜∶锌∶硼=1∶5.42∶0.04∶1.38∶3.27；在草莓膨果期氮∶磷∶钾=1∶0.13∶1.81，铁∶锰∶铜∶锌∶硼=1∶0.90∶0.02∶0.21∶0.45；在草莓成熟期氮∶磷∶钾=1∶0.20∶1.42，铁∶锰∶铜∶锌∶硼=1∶0.47∶0.02∶0.17∶0.30。根据养分吸收规律我们在指导施肥时可将苗期与花期大量元素的配比统一，按照24-8-18+TE（TE为添加的微量元素）；草莓果期按照养分吸收规律，适当提磷、注重苗期补氮，将果期的大量元素水溶肥配方调整为18-6-31+TE应用于农业生产。其中大量水溶肥中的微量元素按照铁∶锰∶铜∶锌∶硼=1∶0.75∶0.02∶0.19∶0.39配制。因考虑到肥料元素配比问题，草莓生产中所需的中量元素尽可能用叶面肥或冲施钙、镁桶肥的形式进行补充。

第二节　温室草莓缺素症

一、草莓缺氮

1.缺氮症状

叶片逐渐由绿色变为浅绿色或黄色，边缘枯焦而且比正常叶片略小。随着缺氮程度的加剧，幼叶叶片反而更绿。成熟叶片边缘的锯齿变成红色，老叶变黄或者局部焦枯，抽出匍匐茎红色，数量少且细（图4-5）。

图4-5　叶片缺氮症状

2.防治方法

发现缺氮，每亩追施硝酸钾11.5千克或尿素8.5千克，施后浇水。花期用0.3%～0.5%尿素溶液叶面喷施1～2次（盛花期不要喷施），或用0.3%尿素溶液在头茬果坐果30天后每隔7～10天喷施一次。

二、草莓缺磷

1.缺磷症状

植株生长势弱、发育缓慢，叶、花、果变小，叶片呈青铜色至暗绿色，近叶缘处出现紫褐色斑点。

2.防治方法

在植株开始出现缺磷症状时，及时用0.1%～0.2%磷酸二氢钾溶液叶面喷施，每隔5～7天喷一次，连喷2～3次，直到症状消退。

三、草莓缺钾

1. 缺钾症状

最初老叶叶缘红紫色，有褐色小斑点，叶缘叶尖常常坏死，有时叶片卷曲皱缩。匍匐茎发生少且短、弱。果实颜色浅、味道差。

2. 防治方法

生长期于水溶肥中每亩加入硫酸钾2～3千克追施。发现缺钾，及时将0.1%～0.2%的磷酸二氢钾或者含钾肥料稀释液滴灌施入，每隔7～10天滴灌一次，连续滴灌2～3次（成玉波等，2007）。

四、草莓缺钙

1. 缺钙症状

根系短，毛细根少，不发达，影响植株吸收养分；新叶顶端皱缩，叶尖焦枯；幼叶叶缘和萼片尖端坏死；幼果期易发生硬果，成熟期表现为果实发软，果实重量降低，易感染灰霉病（图4-6）。

图4-6　叶片缺钙症状

2. 防治方法

发现缺钙后适时浇水，及时用0.2%～0.3%氯化钙或用0.3%～0.5%硝酸钙溶液叶面喷施。严重缺钙时，根部冲施和叶面喷施一起进行，可用47%黄腐酸钙2千克/亩，随水滴灌施入根部。

五、草莓缺镁

1.缺镁症状

最初上部叶片边缘黄化和变褐枯焦，进而叶脉间褪绿并出现暗褐色斑点，部分斑点发展为坏死斑；光合作用变弱，影响果实膨大和碳水化合物的合成，口感差；一般在沙地栽培草莓或氮、钾肥施用过多时易出现缺镁症（图4-7）。

2.防治方法

平衡施肥，防止过量施用氮、钾肥。发现缺镁，及时用

图4-7　缺镁症状

1%～2%硫酸镁溶液叶面喷施，每隔10天左右喷一次，连喷2～3次。

六、草莓缺铁

缺铁一般多发生于石灰性或碱性土壤，但大棚施肥增加、排水不畅等原因也会造成缺镁；基质栽培下，由于基质含养分较少，养分主要依靠施肥补充，也会出现缺镁现象。

图4-8　缺铁叶片边缘干枯

1.缺铁症状

根系生长势弱，植株生长不良；新出幼叶黄化、失绿，随黄化程度加重而变白，发白的叶片上出现褐色污斑；严重缺铁时，新长出的小叶变白，叶缘坏死或小叶黄化，仅叶脉绿色，叶缘和叶脉间变褐坏死（图4-8）。

2.防治方法

土壤中施含腐殖质的有机肥料调节土壤酸碱度，使土壤pH达到6～6.5，及时排水，保持土壤湿润。发现缺铁，及时用0.2%～0.5%硫酸亚铁溶液叶面喷施2～3次，不宜在中午高温时喷施（成玉波等，2007）。

七、草莓缺硼

一般土壤干旱时易发生缺硼症，因此应适时浇水，保持土壤湿润。

1.缺硼症状

幼龄叶片出现皱缩和叶焦，叶片边缘呈黄色，生长点受伤害；老叶的叶脉会失绿或叶片向上卷曲，匍匐茎发生很慢；授粉率和结实率低，果实畸形或呈瘤状、果小、果实品质量差。

2.防治方法

草莓在开花期植株吸收硼素较多，此时容易缺硼，及时用0.15%硼砂溶液叶面喷施2～3次。

第三节 温室草莓控释肥育苗技术

一、控释肥基质槽育苗技术

使用控释肥料可以减少氮素的施用量，延长供肥时间，还能实现种苗根际的带肥移栽，提高成活率，使定植后草莓提早开花结果，在提高氮素利用率的同时，提高作物的产量和品质。

育苗基质包括草炭、蛭石、珍珠岩、氮肥、磷肥以及钾肥，一般育苗基质草炭：珍珠岩：蛭石为2：1：1，在每1千克混合基质中，氮肥的用量为388毫克，为包膜控释尿素（长周期控释尿素的氮素释放期为140～160天），磷肥的用量为684毫克，钾肥的用量为236毫克，母苗在土壤中栽培，草炭：珍珠岩：蛭石

（2∶1∶1）为育苗常用基质，基质的理化性质见表4-4。将混有肥料的基质掺混均匀铺到基质槽中，将母苗抽生出的子苗扦插在基质槽中排列整齐（图4-9）。后期能够带肥移栽，提高成活率。

图4-9　控释肥基质槽

表4-4　栽培基质初始理化性质

材料	容重 （克/厘米³）	总孔隙 （%）	通气孔隙 （%）	持水孔隙 （%）	pH
2∶1∶1基质	0.45	65.1	12.1	53.0	4.99
草炭	0.21	75.9	14.6	61.3	5.41

二、控释肥高架育苗技术

多层育苗架设有5层种植槽，顶层为Ｖ形母株槽，槽内设排水板及排水孔，母株槽下方两侧各设置4层子苗种植槽，呈对称式分布，槽中铺满混有肥料的基质，下边每一层均用于扦插子苗（图4-10）。基质上铺设滴灌带，供水供肥，槽两侧设有排水孔。

草莓育苗期内控释氮素的用量适宜可形成健壮幼苗，草莓幼苗健壮生长的最佳控释氮素用量为50～60毫克/株；移栽时，60毫克/株处理一、二、三代苗，单株可携带37～51毫克/株氮素在根际，50毫克/株处理一、二、三代苗，单株可携带19～23毫克/株氮素在根际，这将有利于维持植株根际较高的氮素浓度，减少氮

图4-10　基质育苗试验和育苗示范

素投入，提高氮素利用效率。

基于控释氮素的育苗可在保证育苗阶段草莓苗健壮生长的前提下，降低肥料用量、提高肥料的利用率。同时基于控释肥的草莓高架基质育苗能够解决草莓缓苗慢、死亡率高、开花结果晚的问题，而且能优化育苗阶段养分投入量，省时、省工、美观，在草莓育苗阶段是一种具有较强实用性、值得推广的育苗方式。

第四节　温室草莓水肥精准调控技术

一、地栽草莓的底肥配方及用量

在草莓生产过程中盲目过量施肥致使草莓日光温室土壤养分含量极高，在生育期水肥一体化追肥的生产条件下农户仍然投入大量的底肥，造成肥料利用率低下，故应调整地栽农民传统底肥配方及用量，确定草莓生产的适宜底肥配方及用量，实现养分高效利用、草莓高产。

采用15-15-15和18-9-18两种颗粒复合肥作为底肥进行对比研究。FP(农民传统)：复合肥（15-15-15）540千克/公顷。CK：不施用底肥。OPT1：复合肥（18-9-18）225千克/公顷。OPT2：复合肥（18-9-18）450千克/公顷。OPT3：复合肥（18-9-18）675

千克/公顷。后期追肥相同，水肥一体化滴灌施肥，追肥施用水溶肥，共追肥9次，共带入纯养分氮81千克/公顷、五氧化二磷54千克/公顷、氧化钾124.5千克/公顷。

1.不同底肥配方及用量对草莓苗期生长性状的影响

（1）不同底肥配方及用量对草莓苗期株高的影响

从图4-11可得各处理株高存在差异，与CK（不施用底肥）相比，OPT1、OPT2的株高无显著差异，OPT3的株高显著降低了9.3%。与FP（农民传统）相比，OPT1、OPT2的株高无显著差异，OPT3的株高显著降低了15.8%。

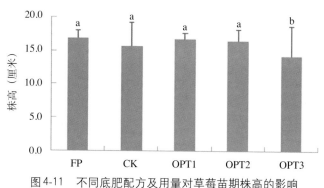

图4-11　不同底肥配方及用量对草莓苗期株高的影响

注：不同小写字母表示不同处理的显著性差异，下同。

（2）不同底肥配方及用量对草莓苗期茎粗的影响

从图4-12可得，与CK（不施用底肥）相比，OPT1草莓茎粗提高了3.2%，OPT3茎粗无差异，OPT2降低了11.3%。与FP（农民传统）相比，OPT1草莓茎粗无差异，OPT2降低了11.3%，OPT3降低了4.1%。但各处理间没有达到显著性差异。

（3）不同底肥配方及用量对草莓苗期SPAD值的影响

从图4-13可知，与CK（不施用底肥）相比，OPT1草莓SPAD值无差异，OPT2、OPT3草莓SPAD值分别提高了6.1%、0.3%。与FP(农民传统)相比，OPT1、OPT2、OPT3草莓SPAD值分别降

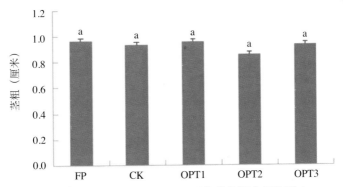

图4-12　不同底肥配方及用量对草莓苗期茎粗的影响

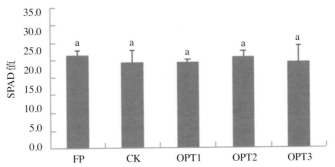

图4-13　不同底肥配方及用量对草莓苗期SPAD值的影响

低了8.6%、2.5%、7.9%。但各处理间没有达到显著性差异。

2．不同底肥配方及用量对草莓产量的影响

从图4-14可知，各处理间产量存在差异，与CK（不施用底肥）相比，OPT3产量显著降低；OPT1、OPT2产量显著提高，OPT1、OPT2间无显著差异。与FP（农民传统）相比，OPT1、OPT2草莓产量分别显著增加18.1、24.2%；OPT3产量显著降低20.7%。

3．不同底肥配方及用量对草莓品质的影响

从表4-5可以看出OPT1、OPT2品质显著高于FP。各处理糖度差异不显著，但各处理糖度从高到低依次为OPT1、CK、OPT2、OPT3、FP。与CK相比，OPT2的果实维生素C含量增加1.6%，

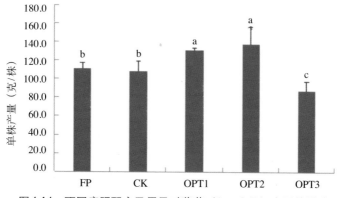

图4-14　不同底肥配方及用量对草莓（1～2月）产量的影响

OPT1降低0.8%，但均未达显著性差异，OPT3与CK相比果实维生素C含量显著降低20.4%。与FP相比，OPT1、OPT2、OPT3果实维生素C含量分别提高了32.2%、35.5%、6.2%。

表4-5　不同底肥配方及用量对草莓品质的影响

处理	糖度（%）	维生素C（毫克/千克）
FP	8.2 a	285.3 b
CK	9.0 a	380.4 a
OPT1	9.0 a	377.3 a
OPT2	8.9 a	386.5 a
OPT3	8.4 a	302.9 b

4.不同底肥配方及用量对草莓肥料偏生产力的影响

从表4-6可以看出，各处理间肥料偏生产力存在差异。与FP（农民传统）相比，OPT1、OPT2氮肥偏生产力分别提高了58.8%、25%，磷肥偏生产力分别提高了114.6%、78.0%，钾肥偏生产力分别提高了46.3%、24.1%。与FP相比OPT3氮肥偏生产力、磷肥偏生产力、钾肥偏生产力分别降低了36.8%、6.1%、33.3%。

表4-6 不同底肥配方及用量对草莓肥料偏生产力的影响

处理	产量 （千克/公顷）	养分投入量 （千克/公顷）			氮肥偏生产力 （千克/千克）	磷肥偏生产力 （千克/千克）	钾肥偏生产力 （千克/千克）
		N	P_2O_5	K_2O			
FP	11 083	162	135	206	68	82	54
CK	10 798	81	54	125	133	200	87
OPT1	13 089	122	74	165	108	176	79
OPT2	13 762	162	95	206	85	146	67
OPT3	8 789	203	115	246	43	77	36

在京郊草莓生产中，基于土壤养分本底值偏高以及草莓生育期多次追肥的生产条件，对草莓植株长势、产量、品质、肥料生产力、经济效益的综合分析，适宜的草莓底肥配方为18-9-18，推荐用量为225～450千克/公顷。

二、地栽草莓高产高效水肥管理技术

设施草莓大部分已应用水肥一体化施肥技术，但现阶段农户施肥观念更新慢，设施草莓水肥一体化施肥技术的应用中还存在养分配比不科学、投入量和投入时期不合理等问题，造成结果晚、果实产量不高，糖酸比、维生素C含量等较低，经济价值没有得到充分发挥。基于水肥一体化的施肥调控能够准确及时地提供养分和水分以满足草莓在不同时期的需求。设计草莓全生育期施肥套餐，在提高肥料利用率的同时，全面提高草莓的产量和品质，同时获得更高的经济收益和付出更低的环境资源代价。

针对日光温室草莓栽培体系，研究适合草莓全生育期的施肥套餐，在获得草莓高产的同时改善草莓的品质，提高肥料的利用率，同时使农民获得更高的经济收益。

种植的草莓品种为红颜，种植密度为112 500株/公顷（4 500株/棚），基施有机肥为蚯蚓粪50吨/公顷（2吨/棚）。试验处理分为农民传统（FP）、优化施肥1（OPT1）和优化施肥2（OPT2），见表4-7、表4-8和表4-9。

表4-7　各个处理养分投入量

处理	养分总投入（千克/公顷）
农民传统（FP）	222-154-353
优化施肥1（OPT1）	163-71-230
优化施肥2（OPT2）	163-71-230

注：配方均为$N-P_2O_5-K_2O$。

表4-8　草莓套餐施肥方案

处理	幼苗	项目	基肥	苗期	花期	果期 2013年12月至2014年2月	果期 2014年2～5月
FP	裸根苗（根裸露移栽）	配方	15-15-15	20-10-20	19-8-27	16-8-34	16-8-34
		用量（千克/公顷）	375	56	44	56	56
		次数（次）	1	3	3	9	8
OPT1	裸根苗（根裸露移栽）	配方	20-10-20	20-10-20	19-8-27	19-8-27	16-8-34
		用量（千克/公顷）	187.5	28	22	28	28
		次数（次）	1	3	2	12	12
OPT2	氮素50毫克/株控释肥育出基质苗	配方	20-10-20	20-10-20	19-8-27	19-8-27	16-8-34
		用量（千克/公顷）	187.5	28	22	28	28
		次数（次）	1	3	2	12	12

注：配方均为$N-P_2O_5-K_2O$；用量为每次带入量。

表4-9　施肥次数月分布

处理	基肥	定植后苗期		初花期	果期					
	8月	9月	10月	11月	12月	1月	2月	3月	4月	5月
FP	1	0	3	3	3	3	2	2	2	1
OPT1	1	0	1	3	3	3	2	2	2	1
OPT2	1	0	1	3	3	3	2	2	2	1

1.定植后60天草莓现蕾率及开花率

如图4-15所示，到定植60天时（10月29日），OPT2的现蕾率和开花率均显著高于OPT1和FP。与FP相比，OPT1现蕾率和开花率没有显著提高，说明基肥和苗期追肥减量并不显著提高草莓的现蕾率和开花率。与OPT1相比，OPT2的现蕾率显著提高了28.1%，开花率提高了6.7倍，说明控释肥基质苗移栽后能够缩短缓苗时间，加快草莓的现蕾开花。

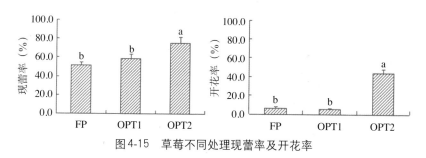

图4-15　草莓不同处理现蕾率及开花率

2.不同处理对草莓植株生长的影响

如图4-16所示，OPT2的叶柄长度小于FP和OPT1，叶面积大于FP和OPT1，但无显著差异。与FP相比，OPT2叶柄长度降低了15.0%，草莓叶面积增加了12.0%，说明采用控释肥育苗对叶柄长和叶面积有产生影响的趋势，但没有达到显著差异，各处理的SPAD值基本不变。说明优化降低基肥和苗期的追肥量没有显著影

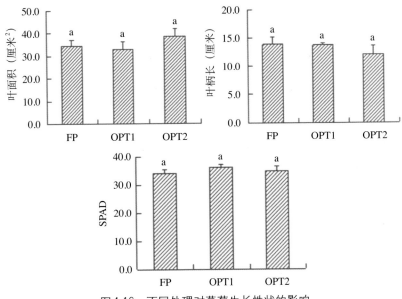

图4-16　不同处理对草莓生长性状的影响

响草莓的生长。

3.不同处理对各茬果草莓鲜果产量的影响

如图4-17所示，OPT2显著提高了草莓头茬果的产量。与FP相比，OPT2的头茬果产量显著提高了42.8%，此时，OPT2产量为6 761千克/公顷，OPT1为2 981千克/公顷，FP为4 733千克/公顷。二茬果产量OPT1显著高于OPT2和FP，三茬果各处理的差异不显著。在总产量上，各处理之间差异不显著，OPT2为10 995千克/公顷，OPT1为8 981千克/公顷，而FP为8 798千克/公顷。说明控释肥基质苗可提高草莓头茬果产量，优化施肥处理没有显著影响草莓的产量。

4.不同处理对果实外观品质的影响

如表4-10所示，总体来看，草莓果实的纵径均高于52毫米，横径高于35毫米，但各处理下草莓的果实纵径、横径和果形指数

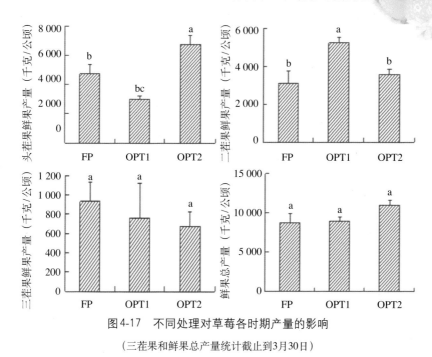

图4-17　不同处理对草莓各时期产量的影响

（三茬果和鲜果总产量统计截止到3月30日）

和最大单果重没有显著提高，OPT2的果形指数最大为1.71，其次是FP，OPT1果形指数最小为1.37。与FP相比，优化施肥处理显著降低了果实一级果柄长度，OPT1和OPT2果柄长度分别显著降低34.8%和43.5%，说明优化减量施肥后能够降低果柄长度，减少果实形成过程中的营养消耗。

表4-10　不同处理对果实外观品质的影响

处理	纵径（毫米）	横径（毫米）	果形指数	一级果柄长（厘米）	最大单果重（克）
FP	57.28 ± 4.02 a	37.17 ± 1.50 a	1.54 ± 0.11 ab	5.31 ± 0.22 a	33.33 ± 4.99 a
OPT1	52.25 ± 4.48 a	38.19 ± 1.80 a	1.37 ± 0.05 b	3.46 ± 0.41 b	26.67 ± 2.62 a
OPT2	60.86 ± 2.32 a	35.66 ± 1.82 a	1.71 ± 0.12 a	3.00 ± 0.24 b	31.67 ± 2.49 a

5.不同处理对草莓品质的影响

如表4-11所示，各处理的糖酸比均高于11，OPT1能够显著提高草莓果实的维生素C含量和糖酸比，改善果实的营养和口感。与FP相比，OPT1和OPT2的果实可溶性蛋白无显著差异，维生素C含量分别显著提高了38.9%和52.5%，此时，OPT2中每100克果实中维生素C含量为58.24毫克，OPT1为53.05毫克，而FP仅为38.18毫克。与FP相比，OPT1草莓的酸度显著降低，OPT1和OPT2显著提高了草莓的糖酸比19.2%和16.2%，说明优化降低追肥量不降低草莓果实的品质和营养含量。

表4-11　不同处理对草莓品质的影响

处理	可溶性蛋白含量(%)	每100克果实中维生素C含量(毫克)	糖度(%)	酸度(%)	糖酸比
FP	0.54±0.01 a	38.18±0.83 c	8.43±0.39 a	0.74±0.01 a	11.38±0.60 b
OPT1	0.54±0.003 a	53.05±0.74 b	9.77±0.54 a	0.72±0.03 a	13.56±0.30 a
OPT2	0.52±0.14 a	58.24±0.73 a	8.46±0.63 a	0.64±0.02 b	13.22±0.21 a

采用控释肥基质苗的同时优化各时期的施肥量，能够缩短草莓缓苗时间、促进植株生长、提高现蕾率和开花率，而且能显著提高草莓头茬果的产量，提升头茬果果实的维生素C含量和糖酸比，改善草莓的品质和口感；中后期优化施肥可以大量减少养分投入，增加各茬果的果实产量，提升果实品质。应用控释基质苗和优化施肥的综合管理，能够使草莓生产更加高产和优质。

三、基质栽培草莓优质高效水肥管理技术

随着对草莓水肥管理研究的不断深入，前期采用草莓缓控释基质育苗，基于草莓各生育时期养分吸收规律和吸收量进行移栽后期、苗期、花期和果期肥料配方和肥料用量的优化能够显著提

高草莓的产量和品质。在苗期每株草莓N、P_2O_5、K_2O的需求量分别为240.41毫克、55.53毫克、206.02毫克；在花期每株草莓N、P_2O_5、K_2O的需求量为150.25毫克、54.77毫克、97.28毫克；在苗期和花期N、P_2O_5、K_2O的吸收比例分别为1：0.23：0.86和1：0.36：0.65。苗期和花期的吸收比例接近，因此在苗期和花期设计24-8-18+TE的大量元素水溶肥。在果期每株草莓N、P_2O_5、K_2O的需求量为251.12毫克、41.45毫克、410.36毫克，果期N、P_2O_5、K_2O的吸收比例为1：0.17：1.63，将果期的大量元素水溶肥配方调整为18-6-31+TE应用于农业生产。考虑到营养元素配比问题，生产中所需的中量元素用叶面肥的形式进行补充。TE是添加的微量元素，微量元素铁、锰、硼、锌、铜吸收比例为1：0.75：0.39：0.19：0.02，水溶肥中的微量元素按照吸收比例加入，投入量20毫克/千克。同时考虑肥料利用率，在生产中进行各时期施肥量推荐时按照养分需求量的1.2～1.5倍推荐。施肥频率主要根据不同时期草莓的养分需求量和温室的水分蒸发量设计。

分别对两种管理模式［农民传统施肥（FP）和优化施肥套餐（OPT）］进行对比。具体试验处理见表4-12、表4-13和表4-14。温室环境调控和农事操作均保持一致。

表4-12 草莓不同施肥套餐方案

| 处理 | 项目 | 定植后苗期 | | 初花期 | 果期 | |
		水溶肥	其他肥料		2015年12月至2016年2月	2016年3～5月
FP（基质苗）	配方	20-20-20+TE	复合肥15-15-15	20-20-20+TE		16-8-34+TE
	用量（千克/公顷）	62.5	375	62.5		62.5
	次数（次）	2	1	2		18

（续）

| 处理 | 项目 | 定植后苗期 | | 初花期 | 果期 | |
		水溶肥	其他肥料		2015年12月至2016年2月	2016年3～5月
OPT（缓控释肥基质苗）	配方	24-8-18+TE	海藻酸	24-8-18+TE	18-6-31+TE	18-6-31+TE
	用量（千克/公顷）	25	2.5	25	31.25	15.625
	次数（次）	4	4	3	12	25

注：配方均为N-P$_2$O$_5$-K$_2$O+TE；用量为每次带入量，每次施肥灌水量按照肥料稀释800倍。

表4-13　施肥次数月分布

| | | 定植后苗期 | | 初花期 | 果期 | | | | | |
		9月	10月	11月	12月	1月	2月	3月	4月	5月
施肥次数（次）	FP	0	3	3	3	3	3	3	3	2
	OPT1	0	4	4	4	4	4	10	10	5

表4-14　各处理养分投入量

		苗期+初花期（千克/公顷）	果期（千克/公顷）	整个生育期（千克/公顷）
养分投入量	FP	106-106-106	180-90-383	286-196-543
	OPT	42-14-32	137-46-237	179-60-269

注：配方均为N-P$_2$O$_5$-K$_2$O；养分投入量均为水溶肥用量，有机肥掺入基质各处理一样。

1.育苗和移栽期

试验用短释放周期控释尿素：N含量44%，聚氨基甲酸酯包膜，释放期60天，由加拿大Agrium公司提供。试验用长周期尿素：N含量41.5%，聚烯烃包膜，释放期150天，由北京市农林科学院植物营养与资源研究所提供。颗粒过磷酸钙：P_2O_5含量18%。颗粒K_2SO_4：K_2O含量52%。

试验供试作物为草莓，品种为红颜，于2015年5～9月北京鑫城缘果品专业合作社育苗场进行育苗，5月10日移栽母苗，9月5日移出，全生育期117天。试验采用9厘米×9厘米盆钵育苗，育苗基质采用草炭：蛭石：珍珠岩=2：1：1，每钵基质装载量55克，控释肥用量为氮素60毫克/穴，采用完全拌混的方式；农民传统用等量普通肥料。

本研究于2015年9月5日将草莓苗定植于北京市鑫城缘果品专业合作社4号日光温室，采用高架栽培的方式，参考图3-17，采用营养液滴灌的方式进行水肥灌溉，每个高架栽培槽内布置两列滴灌管道，栽培槽北侧为上水系统与营养液桶相连，左侧回水系统与回液桶相连，供水管和回水管均采用PVC材料。定植密度为100 000株/公顷。试验所用基质配方为草炭：蛭石：珍珠岩=2：1：1，基质养分含量如下表4-15。

表4-15　栽培基质养分含量

基质	全氮（%）	全磷（%）	全钾（%）	有机质（%）	pH
2：1：1型基质	0.92	0.35	1.31	47.2	5.01

中后期农民传统施肥和优化施肥的时间、施肥的配比、用量及施肥频率均按照表表4-12、表4-13和表4-14操作。成熟后即可采收。

2．不同施肥套餐对草莓缓苗情况的影响

由图4-18可知，优化施肥套餐的缓苗率在定植后30天内显著高于农民传统施肥处理。在定植后5天实现缓苗84.2%，而农民传统处理仅为7.1%；优化施肥套餐的缓苗时间（缓苗时间确定为定植植株50%实现缓苗时所需的时间）为3～5天，而农民传统处

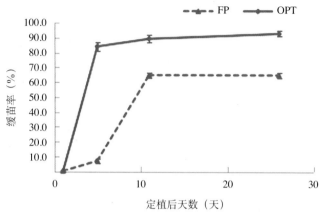

图4-18　不同处理对草莓缓苗情况的影响

理为10～11天；在定植后26天优化施肥套餐的缓苗率达到93%，而农民传统缓苗率仅为65%，比农民传统处理提高43.1%，优化施肥套餐显著缩短草莓的缓苗时间。

3.不同施肥套餐对草莓苗期长势的影响

图4-19表明了草莓苗期（定植后50天）不同试验处理对草莓苗期长势的影响，与农民传统相比，优化施肥套餐的株高、茎粗和叶面积分别显著提高了56.6%、20.4%和77.1%。

4.不同施肥套餐对草莓现蕾开花情况的影响

如图4-20所示，定植后45天、49天和53天时测定，优化施肥套餐的现蕾率均高于农民传统，优化施肥套餐的现蕾率增加幅度逐渐增大，而农民传统在49天后增加幅度减小。相比于农民传统，优化施肥套餐在定植后45天、49天和53天现蕾率分别增加54.2%、26.4%和56.7%。现蕾的早晚对草莓的开花时间也产生了显著影响，农民传统处理的开花时间为11月12日，而优化施肥套餐的开花时间为11月1日，比传统施肥套餐提早11天，优化施肥套餐在同一时间不仅提高草莓的现蕾率，也实现草莓提早开花11天。

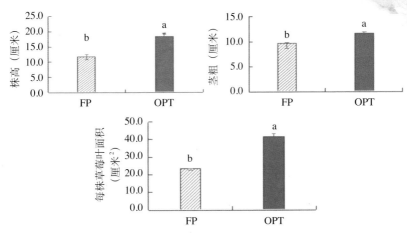

图4-19　不同试验处理对草莓苗期长势的影响

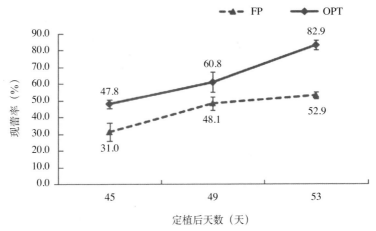

图4-20　不同处理对草莓现蕾率的影响

5.不同施肥套餐对草莓产量的影响

如图4-21所示，优化施肥套餐的每茬果单株产量均显著高于农民传统，相比于农民传统，一茬果、二茬果和三茬果产量分别提高了58.1%、46.8%和25.3%。从草莓各茬果总产量看，优化施肥套餐比农民传统施肥显著提高产量40.9%。

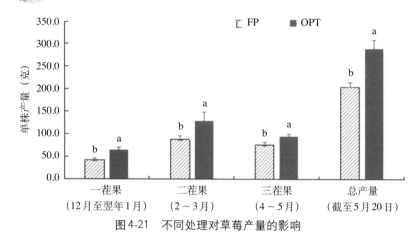

图4-21   不同处理对草莓产量的影响

从表4-16可以看出，优化施肥套餐一茬果的平均单果重显著高于农民传统45.2%，果个数没有显著增加。二茬果的果个数和平均单果重均显著高于农民传统施肥，且优化施肥套餐的一茬果、二茬果的平均单果重未达到20克，大大提高草莓的商品性，提高草莓经济效益。优化施肥套餐的三茬果的果个数显著高于农民传统，单果重没有显著增加。从各茬果总体来看，优化施肥套餐果个数和单果重均显著高于农民传统。

表4-16   不同处理对草莓产量构成的影响

| 处理 | 一茬果 | | 二茬果 | | 三茬果 | | 总体情况 | |
	果个数(个/株)	平均单果重(克)	果个数(个/株)	平均单果重(克)	果个数(个/株)	平均单果重(克)	果个数(个/株)	平均单果重(克)
FP	3.1 a	13.5 b	4.8 b	18.4 b	5.4 b	14.1 a	13.3 b	15.3 b
OPT	3.4 a	19.6 a	6.6 a	19.6 a	6.5 a	14.6 a	16.5 a	18.0 a

6.不同施肥套餐对草莓果实品质的影响

草莓的糖度、酸度是草莓最重要的品质指标，直接决定草莓的商品性；草莓糖酸比是反映草莓风味的指标。从图 4-22 可以看出，与农民传统相比，优化施肥套餐一茬果、二茬果、三茬果均未能显著提高草莓的糖度，但都明显降低草莓的酸度，使草莓的糖酸比显著提高。优化施肥套餐与农民传统相比，分别显著提高了一茬果、二茬果和三茬果糖酸比 19.2%、15.3% 和 12.9%，使草莓的风味更佳，品质显著提升。

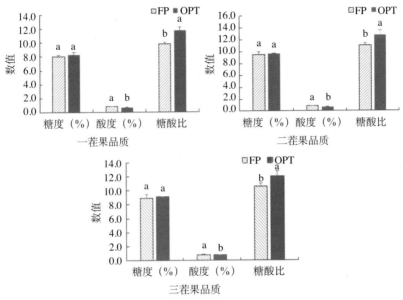

图 4-22　不同处理对草莓品质的影响

综上，优化施肥套餐（控释肥育苗、苗期和花期 24-8-18+TE 水溶肥、果期 18-6-31+TE 水溶肥）使草莓缓苗时间缩短 5～8 天，提高缓苗率 43.1%，茎粗提高 20.4%，叶面积显著增加 77.1%；优化施肥套餐显著提高草莓的单果重和果个数，显著提高草莓产量 40.9%，平均提高每茬果草莓糖酸比 15.8%。优化施肥套餐能促进草莓的缓苗和生长，显著提高产量，提升草莓品质和经济效益。

第五节　温室草莓叶面肥提质增效调控技术

草莓生长周期长，对养分需求量大，养分需求全面，不仅需要大量元素，而且对部分中微量元素需求迫切。传统的土壤栽培生产中，因土壤多为石灰性土壤，且养分全面，传统单一的大量元素根际施肥方式并未造成显著的草莓缺素症状。但基质栽培条件下，因基质中中微量元素含量较低，造成了草莓出现缺素症状，若仅仅依赖以大量元素为主的根际营养供应方式，会严重影响草莓的正常生长发育。农产品质量安全是一直以来人们密切关注的问题，草莓的质量安全一直饱受争议，为实现草莓的安全生产，绿色防控技术是关键。通过植物养分调控可以协调养分供应、提高植物的抗病性，从而实现草莓安全生产。本研究中的草莓专用叶面肥兼具营养补充与提高草莓抗病性的双重作用，旨在解决草莓生产中严重的缺钙、缺硼问题，同时提高草莓抗灰霉病的能力，通过草莓专用叶面肥的配方设计和效果验证为实现草莓高产、安全、优质、高效生产提供又一技术途径。

一、草莓专用叶面肥配方设计

草莓专用叶面肥配方设计定位于解决设施基质栽培草莓生产实际问题。草莓生产中，生长周期长、对养分需求量大、养分需求全面，不仅需要大量元素，而且对钙、铁、硼等中微量元素需求量也很大。在基质栽培条件下，基质本身养分的含量少且不全面，草莓对营养元素的摄取更多依赖于外界养分的供给。在水肥一体化滴灌施肥系统中，对肥料的溶解性要求极高，很多企业在研制草莓配方肥时考虑溶解性问题，往往会忽略中微量元素，导致现有的草莓配方肥多以大量元素为主，而中微量元素肥料产品匮乏，基质栽培条件下草莓缺乏中微量元素问题突出。草莓日光温室大多只有保温措施而无增温措施，没有阳光则温室温度低、湿度大，易导致草莓受低温、高湿胁迫，导致草莓灰霉病、花而不实、僵果等问题出现，严重影响草莓生产。这些问题都严重制约草莓高产、安全、优质、高效生产目标的实现。

针对设施基质栽培条件下草莓生产研制专用叶面肥，致力于解决高产、安全、优质、高效生产中存在的诸多棘手问题。依据基质栽培条件下草莓养分吸收规律、中微量元素因缺补缺和生长调节物质促进生长的原则，配合良好的叶面肥助剂，草莓专用叶面肥将着力于从营养调控的角度解决生产实践的突出问题，如缺素、灰霉病、僵果等，在根际施肥套餐的基础上配合专用叶面肥的根外营养，实现草莓高产、安全、优质、高效生产。

二、设计思路

常用的叶面肥按产品剂型可分为固体（粉剂、颗粒）和液体（清液、悬浮剂），从本研究的设计理论出发，结合肥料运输性、肥料原料特性，草莓专用叶面肥剂型设计为固体粉剂。目前市场上的叶面肥按产品组分可划分为大量元素、中量元素、微量元素水溶肥以及含腐殖酸、氨基酸、海藻酸等功能物质的水溶性叶面肥料。按照作用功能可划分为营养型叶面肥和功能型叶面肥。营养型叶面肥是指由大量元素、中量元素、微量元素的一种或者多种配制而成的叶面肥料，其主要作用是有针对性地供应和补充植物生长所需的营养物质；功能型叶面肥是指由无机养分（一种或一种以上）以及植物生长调节剂、氨基酸、海藻酸、腐殖酸等生物活性物质或农药、杀菌剂以及其他一些有益物质（包括稀土元素和植物生长有益元素）等混配而成的叶面肥料，该类叶面肥料兼具养分补充和生长调节的双重作用。现在市场上有关草莓的专用叶面肥种类比较少，常见的有碧护（生长调节类）、伊邦磷钾（磷酸二氢钾）、信号钙（补钙产品）、果蔬钙（补钙产品）等，多是单一功能的叶面肥，很难满足草莓对多种养分的需求，根据对农资市场的调研，现阶段还没有既能补充中微量元素又能促进生长的功能性草莓专用叶面肥。依据本研究定位和市场现状，本研究采用功能性叶面肥的设计类型，并按照草莓养分需求和生产现状确定叶面肥的具体组分，参照叶面肥各类物质的有效浓度和相关类型的国家标准以及草莓对各物质的适宜浓度需求确定叶面肥各组分的适宜配比和施用浓度。

三、营养元素肥料原料的选用

在进行叶面肥中微量元素原料选择时，应根据叶面肥定位功能，瞄准所要配制的营养元素，再根据营养元素种类，充分考虑各原料的养分含量、pH、水溶性、水不溶物含量、各元素之间的配比，合理选择配制原料。叶面肥只对设施基质栽培生产中出现的严重问题有针对性地补充，根据生产现状确定所要补充的营养元素为钙、硼、硅。

四、生长活性物质的选用

植物生长调节剂、海藻酸、腐殖酸、蔗糖、氨基酸等被视为功能型叶面肥中所含有的生物活性物质。这些物质不仅能对作物的生长起到调节和改良的作用，而且会对无机营养的吸收起到促进作用。根据本研究叶面肥定位，所要添加的生长活性物质其主要功能为可提高草莓的抗病性以及抗逆能力。表4-17所列生物活性物质均具有提高作物抗逆性的作用，壳寡糖不仅能有效诱导植物的抗病性，在田间对作物病害的防治有明显的效果，而且对植物病原菌的生长有抑制作用，对果品具有保鲜作用。壳聚糖对提高植物的抗逆性也具有显著作用，对果品的保鲜性也具有显著提高作用。叶面喷施壳聚糖可提高甘蔗和苹果的抗旱性，用2%～3%壳聚糖处理大枣可延长大枣的保鲜时间，但壳聚糖有一定的黏度且水溶性差，限制了其在农业上的应用。壳寡糖溶解性好，可在农业上广泛使用，可提高作物抗逆性。氧化型谷胱甘肽属于新开发的植物生长调节剂，根据本试验研究可显著提高草莓和小麦的光合作用，但因其属于偏酸性物质，与其他肥料原料配伍易产生沉淀。蔗糖及其衍生物不仅是光合同化物与能量的运输贮藏形式，而且是能被植物细胞感知进而调控基因表达和影响生理生化进程的强有力的信号分子。蔗糖对提高植株抗逆性的作用主要表现在提高植株抗盐性，外源海藻糖可以缓解盐胁迫对小麦幼苗生长的抑制作用。根据本研究叶面肥功能定位，综合考虑各生物活性物质特性，选择特定的草莓专用叶面肥的功能性物质。

表4-17　主要生物活性物质的种类及特性

主要生物活性物质	特　点	功　能
壳寡糖	溶解度好，极易溶于水，效果是壳聚糖的14倍	调菌群，灭有害菌，抗病，对植物有保鲜作用
壳聚糖	有一定的黏度，水溶性差	杀虫、抗病，植物生长调节剂
氧化型谷胱甘肽	水溶性好，偏酸性	增加光合作用，提高抗逆性
蔗糖	极易溶于水	促进种子萌发，提高植物的耐盐性

五、叶面肥助剂的选用

表面活性剂可以改变喷施液的表面性质，降低表面张力，增加喷施液在叶面的扩展及湿润作用，可以起到保湿、黏着、助渗的作用，因此成为叶面肥中不可或缺的一部分。在选择叶面肥助剂时应遵循以下原则：第一，具有亲水性，与剂型成分相溶；第二，能够提高叶面肥在叶片表面的附着性；第三，能够促进肥料的吸收；第四，环境友好。本研究中采用有机硅表面活性剂，既能作为助剂提高叶面肥的作用效果，又能作为叶面肥的主要营养物质。

六、各元素之间的配比及喷施浓度的确定

确定草莓专用叶面肥中各元素的配比，首先应根据本研究定位，充分考虑草莓养分吸收特点，应着重补充中微量元素辅以功能性物质，以实现叶面肥功能的扩充；其次应考虑各元素的适宜喷施浓度，按照就低不就高的原则，协调各元素的适宜浓度范围，合理确定元素配比及喷施浓度；最后应充分考虑生产实践，根据所需补充的养分总量设计施用套餐明确使用次数，根据生产实际如每次每亩喷施溶液剂量，从而确定每包草莓专用叶面肥的净重和稀释倍数。草莓生产中每亩地可一次性喷施150升溶液，因此草莓专用叶面肥可以此为依据，确定叶面肥稀释倍数为1 000倍，从而确定每包剂量为150克，再根据各元素的有效喷施浓度和草莓养分需求确定各原料添加配比，从而实现叶面肥的专业化定制。

七、草莓专用叶面肥配方的确定

本研究中的草莓专用叶面肥以补充中量元素为主，添加功能性物质，提高草莓抗病性和延长保鲜期，从而实现补充营养与提高抗逆性的双重作用。草莓专用叶面肥充分考虑草莓养分需求，按照原料最优、浓度最适的原则为草莓定制。

八、草莓专用叶面肥效果验证

栽培基质配方为草炭：蛭石：珍珠岩=2：1：1。试验供试作物为草莓，品种为红颜，定植密度为100 000株/公顷。分别于草莓抽蕾期、初花期、膨果期、采摘前一周每隔7天喷施草莓专用叶面肥和等量去离子水。

草莓施肥为水肥一体化滴灌施肥，各品种施肥方案一致，见表4-18。全生育期水肥一体化追肥，共施用179千克/公顷N、60千克/公顷P_2O_5、269千克/公顷K_2O。

表4-18 草莓生育期施肥管理

项目	定植后苗期	花期	果期	
			2016年12月至 2017年2月	2017年3～5月
配方	24-8-18+TE	24-8-18+TE	18-6-31+TE	18-6-31+TE
用量(千克/公顷)	25	25	31.25	15.625
次数（次）	4	3	12	25

注：配方均为N-P$_2$O$_5$-K$_2$O+TE（TE指微量元素）；营养液按照肥料用量稀释800倍。

1.草莓专用叶面肥对草莓缺钙情况的影响

设施基质栽培草莓生产中，花期缺钙问题突出，严重影响了草莓的正常生长。如表4-19所示，2016年1月6日、2016年1月13日（草莓二茬果花期）在根区优化施肥套餐的基础上喷施草莓专用叶面肥可以显著降低草莓的缺钙率，分别显著降低66.4%和80%。喷施草莓专用叶面肥可以有效补充钙，显著降低缺钙症状的发生率。

表4-19 不同处理对草莓缺钙率的影响

处理	缺钙率(%)	
	2016年1月6日	2016年1月13日
优化施肥	14.6 a	30.5 a
优化施肥+叶面肥	4.9 b	6.1 b

2.草莓专用叶面肥对草莓发病情况的影响

灰霉病和白粉病是草莓花期和果期常见病害，病情一旦暴发则会严重影响草莓的产量和品质。本试验中在草莓一茬果花期经历了长达20多天的持续雾霾和雨雪天气，暴发了草莓灰霉病。如表4-20所示，在2015年11月6日未喷施叶面肥的根区优化施肥套餐出现灰霉病病情，发病率为4.9%，并在接下来的一周内持续蔓延。在根区优化施肥套餐的基础上喷施叶面肥的处理在2015年11月6日未发现灰霉病病情，在11月8日灰霉病的发生率为11%，11月10日灰霉病的发生率为22%，但显著低于未喷施叶面肥的处理。喷施叶面肥能显著降低灰霉病发生率，对灰霉病产生一定的抗性，但一旦病情发生难以抵抗。本试验中在一茬果花期灰霉病发病一周后连续两次喷施唑醚氟酰胺治疗灰霉病，可使病情得以控制，由于所用药剂兼具治疗白粉病的功效，在草莓果期未出现白粉病病情。

表4-20　不同处理对草莓发病率的影响

处理	灰霉病发生率(%)		
	2015年11月6日	2015年11月8日	2015年11月10日
优化施肥	4.9 a	16.7 a	37.8 a
优化施肥+叶面肥	0 b	11 b	22 b

3. 草莓专用叶面肥对草莓产量的影响

由图4-23可以看出在根区优化施肥套餐的基础上喷施草莓专用叶面肥可以显著提高草莓的各茬果产量和总产量。喷施草莓专用叶面肥可显著提高一茬果产量15.3%；显著提高二茬果产量27.3%；提高三茬果产量6.3%，但未达到显著影响；可提高总产量17.6%，增产效果显著。

由表4-21可以看出，基于根区优化施肥套餐喷施草莓专用叶面肥可以显著提高一茬果、二茬果的单果重，喷施叶面肥处理可显著增加二茬果的单株果个数，对一茬果果个数增加效果不显著，喷施叶面肥处理未能显著增加草莓三茬果的果个数和单果重，从总体产量构成情况来看，喷施叶面肥可增加单株果个数7.9%，提高单果重8.9%。

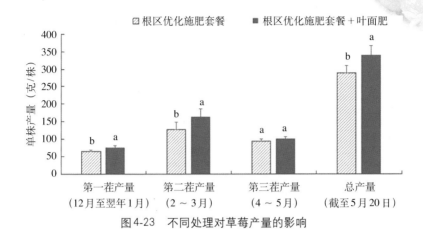

图4-23　不同处理对草莓产量的影响

表4-21　不同处理对草莓产量构成的影响

处理	一茬果		二茬果		三茬果		总体情况	
	果个数（个/株）	平均单果重（克）	果个数（个/株）	平均单果重（克）	果个数（个/株）	平均单果重（克）	果个数（个/株）	平均单果重（克）
优化施肥	3.4 a	19.6 b	6.6 b	19.6 b	6.5 a	14.6 a	16.5 b	18.0 b
优化施肥+叶面肥	3.5 a	22.0 a	7.6 a	21.5 a	6.7 a	15.2 a	17.8 a	19.6 a

4. 草莓专用叶面肥对草莓品质的影响

由图4-24可以看出，在根区优化施肥套餐的基础上喷施草莓专用叶面肥可以显著提高各茬果草莓的糖度和糖酸比，从一茬果的品质数据来看喷施叶面肥处理显著提高草莓糖度12.5%，对草莓酸度没有显著影响，但显著提高了草莓的糖酸比，与不喷施叶面肥处理相比，显著提高了16.9%。从二茬果的品质数据来看与不喷施草莓专用叶面肥处理相比，喷施叶面肥处理显著提高草莓糖度4.1%，草莓糖酸比3.9%，对草莓酸度没有显著影响。从三茬果的品质数据来看，喷施草莓专用叶面肥显著提高草莓糖度9.7%，提

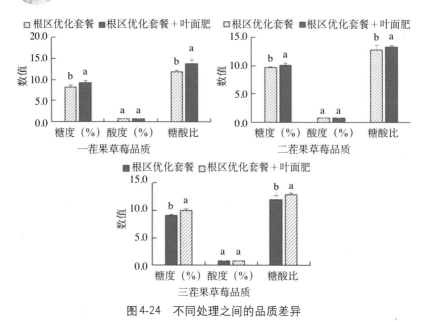

图4-24 不同处理之间的品质差异

高草莓糖酸比8.3%，对草莓酸度没有显著影响。

综上，在优化施肥套餐的基础上喷施草莓专用叶面肥，能有效补充钙，改善草莓花期缺钙现象，显著降低草莓花期缺钙率。草莓专用叶面肥对草莓灰霉病有一定的抗性，但当病情暴发时难以抵抗。通过喷施草莓专用叶面肥补充营养提高抗逆性，同时能显著提高草莓产量17.6%，提高草莓单株果个数7.9%，提高单果重8.9%，有很好的增产效果。与此同时能显著提高草莓各茬果的糖度，从而提高草莓糖酸比，改善草莓风味和品质。在优化施肥套餐的基础上喷施草莓专用叶面肥能够起到补钙、抗逆、提高产量和品质的多重作用，是优质安全生产的重要途径。

第六节　温室草莓套作高效生产技术

早在汉代，间套作在我国已有萌芽，在南北朝时期得到了初步发展，是中国农业生产的传统栽培方法。通过合理的套作，可以提高光、温、水、气、肥等各因子的利用效率，比单作得到更多的收获量；还可以抑制杂草滋生和病虫害的蔓延，减少农药使用，起到生态种植的效果。草莓属于养分投入高产出高的经济作物，每季栽培过程养分投入量远远高于草莓干物质带走量，造成养分在土壤或基质中大量积累，并且日光温室设施栽培进入4月中下旬以后，随着气温的迅速回升，草莓产量逐渐下降、草莓长势减弱、果实变小、口感变差，加之各种水果开始上市，相应的草莓市场价格大幅下降，此时，多数农户对草莓采取弱化管理或栽种玉米吸收盐分再或者直接拔秧进入休夏。这种茬口安排，不仅不能有效利用温室资源，也没有有效利用土壤和基质中剩余的养分，不利于设施草莓经济效益的充分发挥。因此，充分利用日光温室早春保温效果和进行合理的套作茬口安排成为进一步提高草莓种植效益的有效途径。

草莓套作技术能够充分利用草莓种植过程中土壤或基质中的养分，提高投入养分的利用率，减少盐基离子在土壤或基质中的积累，增加大棚的采摘时间，实现一年四季采收，增加农户的经济效益。套作模式能否成功，除了要遵循一系列原则如株型高矮和大小搭配、根系深浅搭配、作物喜阴喜阳搭配等，在栽培措施上还应注意以下几个方面：合理安排套作作物的播种期和移栽期；采用共生系统施肥法（即施肥时要同时考虑套作作物）；种植密度要适宜。

在京郊温室草莓种植过程中探索了"草莓+葡萄""草莓+西瓜""草莓+果菜"和"草莓+叶菜"的套作模式，套作葡萄和西瓜是最经典的生产模式（图4-25），不仅能够充分利用土壤或基质中的养分，减少投入吸引市民观光采摘，而且能够促进设施温室更加绿色高效生产。各套作作物获得的效益见表4-22。

图4-25　草莓套作黄瓜和西瓜的种植模式

表4-22　套作作物的经济效益分析

套种作物	上市时间	产量（千克/亩）	采摘单价（元/千克）	收入（元）
葡萄	6～7月	420	20	8 400
西瓜	6～8月	450	5	2 250
番茄	6～8月	250	5	1 250
叶菜	全年	3 000	5	15 000

第七节　温室补充二氧化碳气肥

　　日光温室栽培过程中，冬季为了棚内增温保湿一般放风时间较短，室内二氧化碳浓度很快降低，使草莓光合作用效率下降，增加二氧化碳的量能够显著提高草莓的光合作用，增加草莓生物量和提高产量，同时还能增加草莓果实碳水化合物的合成，提高果实糖度。因此，人工增施二氧化碳很有必要。日光温室栽培中，大多有黑色地膜覆盖，通过在土壤或基质中增施有机肥的方式效果不理想，当前主要通过吊挂二氧化碳气袋和二氧化碳发生器的方式增加温室二氧化碳的浓度，操作简单且易于控制（图4-26）。

图4-26　二氧化碳气肥

第五章
草莓绿色防控技术

第一节　温室草莓常见虫害症状及防治

一、红蜘蛛

害螨类最易发、最严重的是红蜘蛛，红蜘蛛主要是二斑叶螨、朱砂叶螨，前者又叫黄蜘蛛或白蜘蛛，后者则是真的红色的红蜘蛛。一些地区还有土耳其斯坦叶螨（类似二斑叶螨，主要在西部地区）、神泽氏叶螨（主要在浙江以南地区）等。

一般情况下温室温度较高时易暴发红蜘蛛。叶片背面有红色点状小虫，叶片正面深紫色，透过阳光看到叶片有被吞噬的小洞、叶片透明，即轻度红蜘蛛症状（图5-1）；中度红蜘蛛症状是草莓叶片边缘拉白色网膜（图5-2）；红蜘蛛严重时，整株叶片变黄，植株枯萎（图5-3）。

从草莓栽培的整个生育期来看，红蜘蛛防治的第一个重要时期是移栽成活的每次擗叶之后，第二个重要时期是开春后第一次擗叶之后。大棚温度高时，红蜘蛛易发，应重点关注。日常工作中，进大棚之前要灭菌除虫处理，避免携带外来病菌，造成病虫害传染。

1.药剂防治

①摘除掉有红蜘蛛的叶片，严重时整株拔掉。

图5-1　轻度红蜘蛛叶片变红

图5-2　中度红蜘蛛叶边缘结网

②摘除叶片后立即用药，8%中保杀螨乳油3 000倍液 + 5%噻螨酮乳油2 000倍液联合防治。

③3.2%阿维菌素乳油3 000 ～ 5 000倍液（药剂+助剂）。

④15％苯丁·哒螨灵乳油1 500 ～ 2 000倍液。

注意事项：要尽量避免高温下喷施药剂，药剂组配时有乳油成分，乳油要最后加入。

图5-3　重度红蜘蛛症状

2.生物防治

从农产品绿色安全生产的角度讲，目前国际上一般采用物理防治或生物防治，生物防治采用的主要是捕食螨类，有国内商品化的加州新小绥螨 [福建冠农（图5-4）和首伯农（图5-5）]、智利小植绥螨（图5-6），智利小植绥螨每瓶包装通常是3 000只，售价较高，但这种捕食螨专一捕食叶螨，效果最好。加州新小绥螨除了取食红蜘蛛还可能取食蓟马，在专一性上不如智利小植绥螨，且防治红蜘蛛效果也较差，对于红蜘蛛而言，化学防治的作用是在暴发时可以快速降低害螨数量。施药两天后再施用智利小植绥螨，避免药物危害智利小植绥螨，影响防治效果（图5-7）。

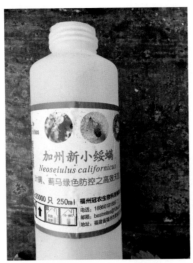

图5-4　加州新小绥螨

图5-5　首伯农新小绥螨

图5-6　智利小植绥螨

图5-7　撒施捕食螨于叶片

二、蚜虫类

1. 蚜虫的危害

蚜虫主要危害叶片、幼嫩的茎秆，导致植株变黄、萎缩和幼叶卷曲。在预防阶段，大棚种植过程中加防虫网很有必要，是实现草莓与外界相对隔离的第一道屏障，有很好的防虫作用。其次使用黄色的粘虫板，吊挂在草莓植株上方30～50厘米，每间隔5米左右放一块。

2. 药剂防治

蚜虫一般有趋嫩性，因此经常在心叶还未完全展开前出现，在防治过程中要重点关注叶心、嫩茎等部位。常规药剂及处理方式有异丙威熏蒸、4.5%高效氯氰菊酯乳油1 000倍液喷施和施用菊酯杀虫类药剂。除了于叶背面施用外，还需重点防治心叶或新叶，如果草莓植株已经现蕾，不仅要打透心叶还要打透花序。

3. 生物防治

棚内悬挂黄板能有效防治蚜虫、白粉虱等害虫，减少农药使用（图5-8）。冬季棚内使用异色瓢虫，每亩需10袋左右，有较好的防治效果（图5-9）。大棚底部边缘安装防虫网，能有效防止室外害虫进入温室（图5-10）。除虫菊酯杀伤效力高，具有低毒、低残留、安全、高效等特点，多用于防治蛾类害虫（图5-11）。

图5-8　黄　板

图5-9　异色瓢虫

图5-10 防虫网

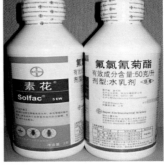

图5-11 除虫菊酯

三、蓟马

蓟马种类很多，大体可以分为危害叶片的，危害花器的，还有一些两种都危害。危害叶片导致新叶停止生长、畸形。蓟马主要在花内活动，在花蕊中跳动，导致花器过早凋谢，授粉不均匀，果实硬且畸形，对草莓产量和品质影响很大。

1. 防治方法

①铲除田间杂草，及时消灭越冬寄主上的虫源。

②设置黄板诱杀成虫（图5-8）。

2. 药剂防治

10％的吡虫啉粉剂1 000倍液喷施；0.36％的苦参碱水剂400倍液喷施。

第二节 温室草莓常见病害症状及防治

一、白粉病

白粉病在保护地栽培中发生最严重，整个生长期内均可发生，多发于叶片背面、花蕾背面和草莓果实上，叶片正面也有发生。

发病部位有白色丝状物，随着病情的加重，叶片向上卷曲呈汤匙状，并产生大小不等的暗色斑。严重时多个病斑连接成片，可布满整张叶片，后期病斑呈红褐色，叶缘萎缩、焦枯（图5-12）。花蕾、花染病时，花瓣呈粉红色，花蕾不能开放（图5-13）。果实染病时幼果不能正常膨大（图5-14）。若后期受害，果面覆有一层白粉，随着病情加重，果实失去光泽并硬化，严重影响草莓产量和商品价值。

　　药剂防治：秧苗上携带病原菌，及时施药防治。防治措施如下，50%醚菌酯水分散粒剂3 000～5 000倍液；250克/升嘧菌酯悬浮剂2 000倍液；硫黄熏蒸，但要适当控制硫黄熏蒸的次数，因为硫黄熏蒸对棚膜有损伤（图5-15）。

图5-12　叶片白粉病

图5-13　花蕾白粉病

图5-14　果实白粉病

图5-15　硫黄熏蒸

二、灰霉病

灰霉病是开花后的主要病害，尤其在浆果成熟期表现最显著，果实染病初呈水渍状灰褐色坏死，后变为灰褐色斑，潮湿时湿软腐化病部生灰色霉状物，干燥时病果呈干腐状最终造成果实坠落，严重降低草莓产量。花蕾易感病，病菌最初从将开败的花或较衰弱的部位侵染，使花呈浅褐色坏死腐烂，产生灰色霉层。叶柄发病时呈浅褐色坏死、干缩，其上产生稀疏灰霉（图5-16）。灰霉病主要危害果实，果实受害状见图5-17。

图5-16　果柄灰霉　　　　　　　图5-17　果实灰霉

药剂防治：用50%啶酰菌胺水分散粒剂500～1 000倍液进行防治，也可施用3.4%碧护可湿粉剂7 500倍液，或者25%嘧菌酯悬浮剂1 500倍液。

三、根腐病

根腐病一般由秧苗携带，发现即死苗无法治理。常发于春夏季节，由于春季多雨夏季高温，因此频繁发生。初期植株叶尖无征兆萎蔫，之后呈现青枯状，全株迅速死亡（图5-18至图5-20）。

药剂防治：定植后用土康元+海绿素（一杀一促）灌根进行防控。

图5-18　根腐病症状

图5-19　发病植株根部症状

图5-20　根腐病

四、炭疽病

炭疽病主要发生在育苗期和定植初期，结果期很少发生炭疽菌侵害。发生部位包括叶、花、茎、果实，草莓定植早期易发，炭疽菌危害产生的病斑往往呈一圈一圈排列。匍匐茎、叶柄、叶片染病时，初期产生黑色纺锤形或椭圆形溃疡状病斑，稍凹陷，后病斑扩展成为环形圈，病斑以上部分萎蔫枯死，湿度高时病部可见肉红色黏质孢子堆（图5-21、图5-22）。

药剂防治：用5%咪鲜胺乳油1 000倍液喷雾防治。还可使用代森锌、唑醚·代森联、吡唑醚菌酯、嘧菌酯等化学农药。

生物防治：使用枯草芽孢杆菌、井冈霉素、中生菌素等进行生物防治。

图5-21　茎部炭疽病　　　　　　　图5-22　茎叶部炭疽病

五、叶斑病

叶斑病只侵害叶片，发生叶斑病时叶片病斑褐色至灰褐色，圆形或椭圆形至不规则形，湿度大时病部表面生灰白色霉层。

药剂防治：用1.5%多抗霉素可湿性粉剂300倍液进行防治。

第三节　温室草莓果实畸形症状及防治

一、草莓畸形果的类型

草莓畸形果的主要类型有：僵化果、双身果、鸡冠果、裂果、白化果、空心果、草莓白腚等。

图5-23　僵化果

1. 僵化果

僵化果是口感差、木栓化、质地硬的生理成熟果，僵化果果实极小（图5-23）。

（1）僵化果产生的原因

草莓植株生长不良或者结果过多，失去营养竞争能力。如果在草莓花芽分化期遇到

25℃以上高温或5℃以下低温，影响授粉受精，形成畸形花，进而发育成僵化果。另外，开花结果期温室内相对湿度大于85%，花药不易开裂，子房受粉不完全，也容易使果实变形，形成僵化果。

（2）防治技巧

①选用适合保护地栽培的优良品种，培育适龄优质种苗。

②适当控制水肥、养分配比，不同时期选用不同配方的水溶肥，以充分满足草莓植株各时期生长发育的营养需要。

③通过调控设施大棚环境，充分满足草莓不同生育期对温度、光照、湿度的不同需求，预防果实畸形。

④及时检查，随时疏除僵化果。

2.空心果

（1）空心果形成的原因

①有的草莓品种本身果实就是空心果。

②浇水过多也会导致草莓体积迅速膨大，从而导致草莓果实空心。

③使用膨大剂后，细胞数量迅速增多从而导致空心。

④施用的肥料中含有激素，也会导致果实生长过快而空心。

（2）防治方法

选用优质高产品种；科学供应水肥，避免供水量忽大忽小，影响果实形成；选用正规水溶肥料，勿喷膨大剂等激素类物质。

3.其他畸形果

低温花芽分化障碍导致的畸形果见图5-24，授粉不均匀导致

图5-24　低温花芽分化障碍导致的畸形果

的半畸形果见图5-25，氮过剩造成草莓的绿尖果见图5-26。

图5-25　授粉不均匀导致的半畸形果

图5-26　氮过剩造成草莓的绿尖果

二、畸形果形成原因分析

1.品种原因

草莓一般是雌雄同株同花，有些品种易出现雄蕊短、雌蕊长的花，且花粉粒少、发芽能力弱，不易授粉；有的第一级序花是雄蕊败育形成的雌花，会因受精不完全而发生畸形果。不同品种间差异性较大，自花授粉能力差易出现畸形果。

2.温度原因

开花期温度低于5℃或光照不足也会使花粉活性降低，授粉受精不良而形成畸形果。一般果实膨大期在低温时易形成柔软肥大的果实；在温度过高或喷施调节剂浓度高时易形成尖顶果；植株生长势或根系受损造成养分、水分吸收受阻时易形成圆形果。

3.湿度原因

开花结果期温室内相对湿度过大时，花药不易开裂，子房授粉不完全，形成畸形果。一般草莓花药开裂的温室最适湿度为30%～50%，柱头受精和花粉发芽的最适湿度为50%～60%，湿度过低或过高均不利于花药开裂，造成不能授粉或授粉受精不良而形成畸形果。

4.营养原因

氮肥施用过量、缺硼、植株营养生长与生殖生长失调或水分和营养供求失调，均可导致果实发育不良进而形成畸形果。

第六章
草莓优质栽培设施调控技术

第一节　温室补光技术

草莓在生长期间对光的需求较大，冬季夜长昼短，自然光不能满足温室草莓生长发育需要。除后墙挂反光膜、使用透光率好的棚膜、经常清扫膜面灰尘外，还应在11月至翌年2月采取补光技术，以弥补光照不足问题。

温室（400米²）安装40盏36瓦的粉红色荧光植物生长灯进行补光，进行补光时应注意补光灯的安装位置，不宜离植株太近，补光一定要注意控制时间，切勿连夜补光，否则会因补光不合理导致植株徒长。定植50天以后至草莓结果期，遇雾霾、阴雨天使用补光灯夜间补光4小时（5:00～9:00），晴天8小时光照，雾霾阴雨天4小时人工补光，可减轻雾霾对农业生产的影响，与不补光相比可提早上市15天（图6-1）。

图6-1　草莓温室补光设备

第二节　立体基质栽培果柄防断技术

草莓栽培时弓背与栽培架外缘呈45°倾斜，因草莓果柄是从弓背向外抽出，所以呈45°栽植会使果柄向栽培架边缘45°方向倾斜，使果柄长度的2/3在栽培基质上，因此不易折断（图6-2）。

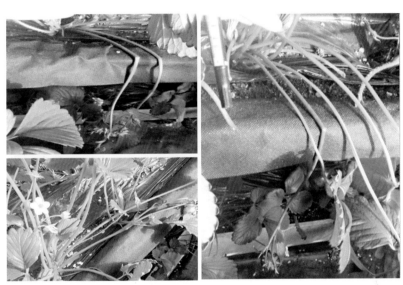

图6-2　草莓果柄防断技术

栽培架中的基质较多，基质内部高度高于栽培架边缘，使草莓果柄从上方下垂不与栽培架边缘接触，因此避免了草莓果柄折断。

有的农户在栽培架边缘外包裹一层海绵，降低栽培架边缘的硬度，从而使果柄受损伤小，不易被折断。

通过多种品种栽培观察，红颜属于果柄较粗壮、韧性小、较脆的品种，一旦接触坚硬边缘会轻易被折断，而章姬、黔莓2号果柄较细但较软、柔韧度好，可以顺着栽培架边缘滑落，不易损伤。

第三节　荧光假单胞菌＋海藻酸防病技术

荧光假单胞菌＋海藻酸防治草莓死苗（根腐病）技术，定植缓苗初期施用2次土康元＋海藻酸（150毫升/亩）（土康元是假单胞菌剂，海藻酸有促根的效果），两种药剂"一杀一促"，可有效地防治草莓的根腐病（图6-3）。

图6-3　根腐病症状及危害

a.因根腐病死去的草莓苗　b.补上的苗与原来的苗不在同一个生长阶段

第四节　温室环境综合调控促开花技术

到移栽后60天，草莓的现蕾率普遍较高，但是开花率还较低，生产中发现，温室环境综合调控对于促进草莓开花作用显著，在11月8～10日，在外界环境条件变化不大的情况下，通过温室环境综合调控技术，显著提高了开花率（表6-1、表6-2、图6-4）。

表6-1　11月8～10日天气状况

	天气	温度（℃）
11月8日	晴	3～16

（续）

	天气	温度（℃）
11月9日	阴	2～14
11月10日	晴	2～14

表6-2　温室环境综合调控促草莓开花技术

技术措施	评价指标
加盖棉被	夜温由7～8℃提升到12～15℃
风口晚关半小时，早开半小时	开关风口温度由26℃、23℃变为27℃、26℃
施肥	施用16-8-34的配方水溶肥

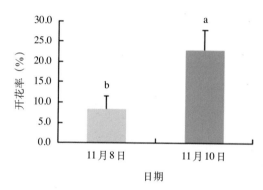

图6-4　设施环境与营养综合调控对开花率的影响

第七章

温室草莓高效优质生产技术规程

第一节　温室地栽草莓高产高效生产技术规程

一、高温闷棚

6月下旬进行高温闷棚。每亩施用固体石灰氮50千克，配合施用鸡粪或羊粪4～5米³/亩，翻入土壤、灌水、覆膜，高温闷棚1个月（图7-1）。石灰氮是一种氮肥能有效地防治严重危害作物的毛蚊幼虫，此外还可杀死寄生虫、除草、杀菌、调节土壤的酸碱性、增加钙养分，石灰氮及其代谢产物均不污染环境。

图7-1　撒施固体石灰氮

二、整地施复合肥、喷施广谱性杀菌药剂

8月中旬整地施复合肥、喷施广谱性杀菌药剂。每亩撒施硫酸钾型复合肥（N-P_2O_5-K_2O为18-9-18）15～20千克，施用富泰威颗粒钙，做垄时，垄背宽38～39厘米，垄底宽41～42厘米，垄沟宽30～40厘米，垄深25～30厘米（图7-2）。温室后墙、山墙、土壤喷施甲基硫菌灵，进行温室草莓定植前消毒。广谱杀菌剂也

112

图7-2　整地做垄

可用五氯福美双或代森锰锌。

三、安装滴灌带

8月中下旬安装滴灌带（图7-3）。滴灌的优势一是可以有效控制冬季棚室内湿度，湿度降下来后，白粉病、灰霉病的发病率会大大降低；二是可以有效保持土温不降低，传统畦灌，由于灌水量大，每灌一次水，土温会剧烈下降，不利于草莓根系的生长和养分吸收，由于滴灌每次灌溉量少，土温可以保持在较高水平；三是可以节省肥料和人工，传统灌溉每次施用大量的肥料，但由于过量灌

图7-3　安装滴灌带

溉，很多肥料随水淋溶进入深层土壤，真正留在耕层的养分很少，肥料利用率较低，滴灌条件下每次灌溉每亩只需5 ~ 6米³水，仅湿润耕层，肥料利用率可以达到50%以上，省水、省肥；四是滴灌可以有效控制土壤水分，可以显著提高果实的含糖量，降低酸度，改善风味。

四、定植

8月下旬至9月初进行定植，定植前严格淘汰感染病毒的种苗，摘除种苗上的病叶，为预防草莓种苗死苗，使用海绿素、土康元和嘧菌酯蘸根。定植前加盖遮阳网，完全缓苗之后再撤走遮阳网（图7-4）。

定植时做到"深不埋心、浅不露根"，定植时让根系充分展开，避免窝根，压实土壤。定植缓苗后，容易感染病菌，喷施药剂防治草莓白粉病、灰霉病、炭疽病和红蜘蛛卵，连续防治3～4次，每7天一次（图7-5）。

图7-4　加盖遮阳网

图7-5　移栽定植

定植后进行水肥管理，定植后25天左右，缓苗后追第一次肥，每亩滴灌2.5千克"圣诞树"水溶性肥料（20-10-20），灌水量以湿润耕层20厘米为宜，一般滴灌3～4米³水。第二次，7～10天后，适当增加肥量，每亩滴灌4千克"圣诞树"水溶性肥料（20-10-20）。第三次，施肥量同第二次。根据实际情况到开花期前滴灌3～4次"圣诞树"水溶性肥料（20-10-20）。定植后每亩用土康元5升和海绿素500毫升灌根，可起到防治草莓苗死苗的作用。可根据实际情况在开花现蕾前叶面喷施中微量元素、菌类肥料，以促进叶片和根系生长，开花高峰期不能喷施叶面肥。

五、扣棚膜、铺地膜

10月中下旬扣棚膜、铺地膜。棚膜选用优质聚乙烯保温长寿无滴膜，每年更新一次。当外界夜温降到8℃左右开始扣棚膜保温，扣棚膜后，要及时打开风口放风以避免温度过高，可在夜温降低到0℃时关闭下风口。早上温室内温度达到24℃左右时打开上风口（冬天时只要出太阳即可达到此温度，若阴天到不了此温度，可只在中午温度高时打开风口）。晚上温室内温度降到25℃左右时关闭风口。

应当注意的是，黑色地膜一是可以防止杂草生长，二是可以保持地温，三是可以防止草莓果实沾土受损。11月上中旬开始在夜间加盖保温被（草苫）进行保温（图7-6）。

图7-6　铺黑色地膜

六、放蜜蜂

11月上旬放蜜蜂（图7-7）。开花前5～6天将蜂箱放入棚内，注意施用防虫药（如红蜘蛛、地老虎）时将蜂箱搬出，在施用杀菌药（如白粉病、灰霉病）时可不搬出。蜜蜂的密度一般以一只蜜蜂一株草莓为宜。

七、疏花

11月底疏花，保留生长旺盛花柄较粗的第一穗花4～6

图7-7　熊蜂授粉

图7-8 疏花

个（图7-8）。开花期温度控制在白天22～25℃，夜间8～12℃，经常摘除老叶和病叶，温室湿度控制在60%左右。

11月中下旬，开始挂吊袋二氧化碳气肥，每亩用量为20袋，在棚室内均匀分布，距离草莓50厘米高处吊挂，二氧化碳气肥释放期为一个月左右，可有效补充棚室由于冬季密闭而造成的二氧化碳不足的问题。一般建议吊挂2～3批次。

八、疏果

12月初疏果，幼果期及时疏去畸形果，第一穗果留3～4个，及时定果，第二茬果留4～5个，随着气温的上升，2月后可以适当多留果，坐果多则要适当增加施肥量（图7-9）。

果实膨大期白天温度18～22℃，晚上8～10℃，夜间温度不能低于5℃，每枝留4～5个果。12月至翌年2月初，是一年中温度最低的时

图7-9 疏果

期，相对水分蒸发较少，滴灌频率可适当减少，但要在上午进行，可以确保土温维持在较高水平，若在下午或傍晚滴灌，会降低夜晚土壤的温度，对草莓根系生长极其不利。

此时期主要防治白粉病、灰霉病，2月之后主要防治红蜘蛛，配合使用一些广谱杀菌药。

九、采收

12月中旬至翌年5月采收（图7-10），第一茬果膨大期开始调整追肥配方，改用19-8-27的"圣诞树"配方2.5 ～ 3.5千克/亩，每7天追施一次，若遇阴天顺延，在果实变白转色后改用16-8-34的高钾"圣诞树"配方2.5 ～ 3.5千克/亩，以提高果实的甜度，每7天一次，根据挂果数量调整肥料用量。第二茬果同上，果转色前用19-8-27的配方，转色后用16-8-34的配方，同时每次加入伊邦靓果营养活性剂或者磷酸二氢钾肥，提高草莓甜度。草莓整个生育期灌水施肥掌握一个原则，每水必带肥，少量多次，每7 ～ 10天一次，连续阴天要少施肥。

图7-10　成熟果实

第二节　温室基质草莓优质安全生产技术规程

一、基质消毒

6月下旬至7月下旬进行基质消毒，草莓拉秧后将残留在基质中的草莓根系清除，用开沟器翻置疏松栽培架中的基质。用25千克/亩的液体石灰氮滴灌，每亩用塑料薄膜覆盖，高温闷棚1个月。

二、灌排洗盐

8月中旬进行灌排洗盐，按照每回流0.6米^{3}水可降低电导率500微西/厘米制定合理的灌排水体积。一般灌排3 ～ 6次（每次0.6米^{3}水）即可起到良好的洗盐作用。基质密封消毒，温室后墙、山墙、土壤喷施甲基硫菌灵进行温室草莓定植前消毒。灌排洗盐之前应向栽培架内补充基质，使栽培架中间基质高度略高于栽培架边缘，有利于防止果柄折断，广谱杀菌也可用五氯福美双或代森锰锌。

三、安装滴灌带

滴灌的优势一是可以有效控制冬季棚室内湿度，湿度降下来后，白粉病、灰霉病的发病率会大大降低；二是可以有效保持土温不降低，传统畦灌，由于灌水量大，每灌一次水，土温会剧烈下降，不利于草莓根系的生长和养分吸收，由于滴灌每次灌溉量少，土温可以保持在较高水平下；三是可以节省肥料和人工，传统灌溉每次施用大量的肥料，但由于过量灌溉，很多肥料随水淋溶进深层土壤，真正留在耕层的养分很少，肥料利用率较低，滴灌条件下每次灌溉每亩只需5～6米³水，仅湿润耕层，肥料利用率可以达到50%以上，省水、省肥；四是滴灌可以有效控制土壤水分，可以显著提高果实的含糖量，降低酸度，改善风味。

四、定植

于8月下旬至9月上旬进行定植，定植前严格淘汰感染病毒的种苗，摘除种苗上的病叶，为预防草莓种苗死苗，使用海绿素、土康元和嘧菌酯蘸根。定植前加盖遮阳网，完全缓苗之后再撤走遮阳网。

定植时做到"深不埋心、浅不露根"，栽植时离栽培架边缘保持6～10厘米距离，弓背向外与栽培架边缘呈45°倾斜（防止果柄折断）。定植时让根系充分展开，避免窝根，压实基质。

定植缓苗后，喷施药剂防治草莓白粉病、灰霉病、炭疽病和红蜘蛛卵，连续防治3～4次，每隔7天一次。定植后每亩用土康元5升和海绿素500毫升灌根，可起到防止草莓苗死苗的作用。可根据实际情况，在开花现蕾前叶面喷施中微量元素、菌类肥料，以促进叶片和根系生长，开花高峰期不能喷叶面肥，以免影响草莓授粉。

五、扣棚膜、铺地膜

棚膜选用优质聚乙烯保温长寿无滴膜，建议每年更新一次；当外界夜温降到8℃左右开始扣棚膜保温，扣棚膜后，要及时打开风口放风避免温度过高，可在夜温低到0℃时关闭下风口。早上温室内温度达到24℃左右时打开上风口（冬天时只要出太阳即可达到此温度，若阴天到不了此温度，可只在中午温度高时打开风口）。晚上温室内温度降到25 ~ 26℃时关闭风口。

六、放蜜蜂

11月上旬放蜜蜂，开花前5 ~ 6天将蜂箱放入棚内，温室大棚内蜜蜂的密度一般以一只蜜蜂一株草莓为宜。

七、疏花

11月底疏花，保留生长旺盛花柄较粗的第一穗花4 ~ 6个。开花期温度控制在白天22 ~ 25℃，夜间8 ~ 12℃，经常摘除老病叶，温室湿度控制在60%左右。11月中下旬，开始吊挂吊袋二氧化碳气肥，每亩用量为20袋，在棚室内均匀分布，距离草莓50厘米高处吊挂，二氧化碳气肥释放期为一个月左右，可有效补充棚室于冬季密闭而造成的二氧化碳不足的问题。一般建议吊挂2 ~ 3批次。

京郊草莓生产中11月中旬进入花期，在花期水肥管理中应适当控水，切勿大水。应施用24-8-18配方，肥料稀释800倍后使用，每次每亩浇灌2米^{3}水，每隔5 ~ 7天灌一次，灌溉施肥间隔天数应根据具体天气条件确定。现蕾开花前期开始控水10天，开花期控制好温度可有效减少畸形果的数量。

八、疏果

12月初疏果，京郊草莓生产中12月初进入膨果期，此时应更换肥料配方为16-6-31的果期肥，按照肥料浓度为800～1 000倍，每次每亩浇灌2米³水，每隔5～7天灌一次，灌溉施肥间隔天数视天气而定。在一茬果末期二茬果花期时应该交替施用一次苗期配方肥（24-8-18），起到壮秧作用。进入3月，气温升高，蒸发量逐渐加大，结果量增多，应按照肥料800～1 000倍液灌溉至回水，间隔两天后按照每亩浇灌1.5米³800～1 000倍肥料液，再间隔两天灌溉至回水，再间隔两天每亩浇灌1.5米³800～1 000倍肥料液，交替循环灌溉施肥。保证每次灌溉均为营养液，切勿灌溉清水。

幼果期及时疏去畸形果，第一穗果留3～4个，及时定果，第二茬果留4～5个，随着气温上升，2月后可以适当多留果。

果实膨大期白天温度18～22℃，晚上8～10℃，夜间温度不能低于5℃，12月至翌年2月初是一年中温度最低的时期，相对水分蒸发较少，滴灌频率可适当减少，但要在上午进行，可以确保土温维持在较高水平，3～6月灌溉施肥应在下午四点以后进行。

此时期主要防治白粉病、灰霉病，2月之后主要防治红蜘蛛，配合使用一些广谱杀菌药。

九、采收

12月中旬至翌年5月第一茬果膨大期开始调整追肥配方，改用19-8-27的"圣诞树"配方1.5～2.5千克/亩，每7天追施一次，若遇阴天顺延，在果实变白转色期后改用18-6-31的水溶肥配方，1～2千克/亩，3天一次，同时配施磷酸二氢钾或者伊邦靓果营养活性剂以提高果实的甜度，根据挂果数量调整肥料用量。第二茬果同上，果实转色前用19-8-27的配方，转色后用18-6-31的配方，根据大棚的温度和湿度情况，清水和高钾水溶肥间隔滴灌，能够保障草莓果期生长和果实形成。

十、定植后病虫害防治（9月上旬至10月下旬）

定植后25天左右，缓苗之后，追第一次肥，苗期（9～10月）施用24-8-18配方，将肥料稀释成800～1 000倍液，滴灌，管道回水管刚开始回水停止，每隔7～9天灌溉一次。这个时期易发病虫害为白粉病、红蜘蛛、根腐病、炭疽病、叶斑病和虫害。

1. 白粉病

秧苗上携带病原菌，及时施药防治，防治措施有以下几种：① 50%醚菌酯水分散粒剂3 000～5 000倍液；② 250克/升嘧菌酯悬浮剂2 000倍液；③硫黄熏蒸，适当控制硫黄熏蒸的次数，硫黄熏蒸对棚膜有损伤。

2. 红蜘蛛

定植后温度依然较高，及时防治。防治措施有以下几种：① 8%中保杀螨乳油3 000倍液+5%噻螨酮乳油2 000倍液联合防治；② 3.2%阿维菌素乳油3 000～5 000倍液（药剂+助剂）；③ 15%苯丁·哒螨灵乳油1 500～2 000倍液。

3. 根腐病

秧苗上携带病原菌，发现即死苗，无法治理。定植后用土康元+海绿素（一杀一促）灌根进行防控。

4. 炭疽病

草莓定植早期易发，用5%咪鲜胺乳油1 000倍液喷雾防治。

5. 叶斑病

不常见，但也会发生。用1.5%多抗霉素可湿性粉剂300倍液进行防治。

6．虫害

虫害一般为棉铃虫和菜青虫。防治措施有以下几种：① 熏蒸异丙威；② 4.5%高效氯氰菊酯乳油1 000倍液；③ 菊酯类杀虫药剂处理。

十一、果期容易出现的病虫害及防治措施

1．灰霉病

3月以后，棚内高温高湿易发生灰霉病。用50%啶酰菌胺水分散粒剂500 ～ 1 000倍液进行防治。

2．白粉病

经常发生，危害果实和叶片，此期白粉病防治以硫黄熏蒸为主，避免草莓果实上有农药残留。

3．红蜘蛛

4月以后，温度升高，红蜘蛛易发，用臭氧消毒器消毒，保证果实不受污染，若效果不明显，需要施用噻螨酮防治。

十二、施药原则

①交替使用，同一种药用两次后换另外一种药，或者一个生长季换一次药（如红蜘蛛）；②使用浓度依据瓶身标示，浓度过低药效难以发挥，浓度过高会产生药害；③防治同一种病的用药周期一般为7天左右；④有病虫害发生迹象就需提前施药预防；⑤熏蒸或叶面喷施杀虫药剂前需将蜂箱搬出草莓棚，熏蒸或叶面喷施杀菌类药剂不需搬出。

主要参考文献

成玉波, 包成友, 成玉富, 2007. 草莓缺素症及其防治方法 [J]. 现代农业科技, 12(3): 28-28.

董清华, 朱德兴, 文延年, 等, 2008. 草莓栽培技术问答 [M]. 北京: 中国农业大学出版社.

范兰礼, 2011. 草莓丰产栽培新技术 [M]. 北京: 中国农业科学技术出版社.

郝保春, 杨莉, 2009. 草莓病虫害及防治原色图册 [M]. 北京: 金盾出版社.

侯丽媛, 董艳辉, 聂园军, 等, 2018. 世界草莓属种质资源种类与分布综述 [J]. 山西农业科学 (1): 145-149.

雷伟伟, 2016. 基质栽培草莓高产、优质、高效生产技术研究与示范 [D]. 北京: 中国农业大学.

李超, 2014. 基于控释肥和水肥一体化的草莓施肥套餐设计与实践 [D]. 北京: 中国农业大学.

李好琢, 2005. 栽培种草莓的起源、演化和传播 [J]. 中国种业 (5): 65-65.

路河, 2011. 温室草莓栽培管理日志 [M]. 北京: 化学工业出版社.

罗学兵, 贺良明, 2011. 草莓的营养价值与保健功能 [J]. 中国食物与营养, 17(4): 74-76.

马娟, 2017. 正确补充维生素C [J]. 健康向导, 23(3): 46-46.

裘建荣, 戚自荣, 吴建能, 2009. "红颊"草莓子苗不同时期假植育苗试验 [J]. 农业科技通讯 (9): 80-80.

万春雁, 糜林, 李金凤, 等, 2010. 我国草莓新品种选育进展及育种实践 [J]. 江西农业学报, 22(11).

王桂霞, 张运涛, 董静, 等, 2008. 中国草莓育种的回顾和展望 [J]. 植物遗传资源学报, 9(2): 272-276.

王雯慧, 2016. 小草莓 大产业 中国草莓产业的今生前世 [J]. 中国农村科技 (10): 74-77.

王娅亚，路河，金艳杰，等，2018. 半基质栽培模式下三种不同肥料对草莓栽培的影响[J]. 农业工程技术，38(19): 74-78.

王忠和，2008. 中国草莓生产现状及发展建议[J]. 农学学报(11): 21-22.

王忠和，2013. 草莓高效种植茎的调节技术[J]. 科学种养(4): 24-24.

吴长春，曲明山，赵永志，等，2018. 京郊半基质栽培条件下不同草莓品种果实品质分析[J]. 中国农学通报，34(26): 76-81.

肖艳，2007. 作物缺素症及其防治[J]. 现代农业科技，12(3): 28-28.

杨莉，杨雷，李莉，2015. 图说草莓栽培关键技术[M]. 北京：化学工业出版社.

张辉明，姜永平，2011. 石灰氮在草莓重茬生产中的应用[J]. 湖北农业科学，50(15): 3159-3160.

张志恒，王强，2008. 草莓安全生产技术手册[M]. 北京：中国农业出版社.

中国园艺学会草莓分会，北京市农林科学院，2015. 草莓研究进展（Ⅳ）[M]. 北京：中国农业出版社.

朱翠英，刘利，付喜玲，等，2015. 设施无土栽培条件下草莓芳香物质和营养品质的研究[J]. 天津农业科学，21(12): 1-7.

宗大辉，徐辉，田蕊，2007. 促进草莓花芽分化的技术措施[J]. 吉林农业(8): 23-23.

宗静，2014. 设施草莓实用栽培技术集锦[M]. 北京：中国农业出版社.

宗静，马欣，王琼，等，2012. 北京市草莓产业发展现状与对策[J]. 作物杂志(3): 16-19.

普利茨，汉德林，2012. 草莓生产技术指南[M]. 北京：中国农业出版社.

图书在版编目（CIP）数据

温室草莓高效优质生产技术 ／ 陈新平等编著
. —北京：中国农业出版社，2019.7（2024.8重印）
ISBN 978-7-109-25521-0

Ⅰ.①温…　Ⅱ.①陈…　Ⅲ.①草莓-温室栽培-图集
Ⅳ.①S628.5-64

中国版本图书馆CIP数据核字（2019）第095629号

中国农业出版社出版
地址：北京市朝阳区麦子店街18号楼
邮编：100125
责任编辑：魏兆猛　文字编辑：冯英华
版式设计：杜　然　责任校对：周丽芳
印刷：中农印务有限公司
版次：2019年7月第1版
印次：2024年8月北京第6次印刷
发行：新华书店北京发行所
开本：880mm×1230mm　1/32
印张：4.25
字数：100千字
定价：28.00元